# 田野

二十四节气的民俗故事

# 花信风

王颖超 潘虹 著 \ 赵志国 剪纸 \ 洪亮 摄影

知识产权出版社

全国百佳图书出版单位

**图书在版编目（CIP）数据**

田野花信风：二十四节气的民俗故事 / 王颖超，潘虹著 . —北京：知识产权出版社，2017.3

ISBN 978-7-5130-4757-9

Ⅰ . ①田… Ⅱ . ①王… ②潘… Ⅲ . ①二十四节气—普及读物 Ⅳ. ① P462-49

中国版本图书馆 CIP 数据核字（2017）第 027488 号

| | | | |
|---|---|---|---|
| 责任编辑：宋　云 | | 责任校对：王　岩 | |
| 文字编辑：褚宏霞 | | 责任出版：刘译文 | |

## 田野花信风——二十四节气的民俗故事

王颖超　潘　虹 / 著

赵志国 / 剪纸

洪　亮 / 摄影

| | | | |
|---|---|---|---|
| 出版发行：知识产权出版社 有限责任公司 | | 网　　址：http://www.ipph.cn | |
| 社　　址：北京市海淀区西外太平庄55号 | | 邮　　编：100081 | |
| 责编电话：010-82000860转8388 | | 责编邮箱：hnsongyun@163.com | |
| 发行电话：010-82000860转8101/8102 | | 发行传真：010-82000893/82005070/82000270 | |
| 印　　刷：北京嘉恒彩色印刷有限责任公司 | | 经　　销：各大网上书店、新华书店及相关专业书店 | |
| 开　　本：787mm×1092mm　1/16 | | 印　　张：11 | |
| 版　　次：2017年3月第1版 | | 印　　次：2017年3月第1次印刷 | |
| 字　　数：116千字 | | 定　　价：39.00元 | |

ISBN 978-7-5130-4757-9

# 前 言

中国古人在漫长的农业社会发展中，为了掌握农时，通过长期观察太阳、月亮、地球等天体的运行规律，制定了年、月、日，以及顺应大自然与四季变化的春夏秋冬的法则，从而形成了历法。中国的传统历法把太阳和月亮的运行规则合为一体，因此属于阴阳合历。

二十四节气是中国人通过观察太阳周年运动，认知一年中时令、气候、物候等方面变化规律所形成的知识体系和社会实践。二十四节气自成体系，属于中国传统历法中的阳历部分。在农历中，通过设置闰月，将二十四节气恰当地分配在各月中，使之有稳定的季节特征，故二十四节气也就成为农历的重要组成部分。

早在春秋以前，先民们用土圭测日影的方法，测定出仲春、仲夏、仲秋和仲冬四时。《尚书·尧典》是有关节气记载的最早文献。到战国时期，先民们或已懂得将一年分二十四个等份，每隔十五天为一节气。到秦汉年间，二十四节气已完全确立，只是个别名称、位置不同。《淮南子》一书就有了和现代完全一样的二十四节气的顺序和名称。公元前104年，由落下闳、邓平等制定的《太初历》，正式把二十四节气定于历法，明确了二十四节气的天文位置。

二十四节气是根据地球在黄道（地球绕太阳公转的轨道）上的位置变化而制定的，视太阳从春分点（黄经0°，此刻太阳垂直照射赤道）出发，每一个节气分别相应于太阳在黄道上运动15°所到达的一定位置。运行一周又回到春分点，为一个回归年，合360°。这样每年就有四季，每季有六个节气，一年共二十四个节气。这二十四个节气，按照时序季节的变化，分别是立春、雨水、惊蛰、春分、清明、谷雨、立夏、小满、芒种、夏至、小暑、大暑、立秋、处暑、白露、秋分、寒露、霜降、立冬、小雪、大雪、冬至、小寒、大寒。

元代吴澄撰的《月令·七十二候集解》，以五日为候，三候为气，六气为时，四时为岁，一年二十四节气共七十二候，各候均以一个物候现象相应，并训释其所以然。

在这二十四节气及七十二候中，我们可以清楚地看到一年中冷、暖、雨、雪的发生情况和春、夏、秋、冬四季变化的特征。先民们在具体指导农事实践时，就是根据这些节气的变化，并与阴历结合参照，相应地从事春播、夏锄、秋收、冬藏等农事活动。

发生在二十四节气的民俗事象，被称为岁时习俗，也叫"岁事"。岁事在农业社会中，是最基本的社会活动行为，而节日习俗正是伴随着岁事而发生的信仰祭祀行为。先秦史册《周礼·春官》中"女巫掌岁时祓除衅浴"的记载，就已明确地告诉我们，先民的农事与祭祀行为是不可分割的社会活动的总体原则。我们甚至可以说，岁时之法，是一个民族文化的开端。

伴随着岁时民俗而产生的节日民俗，反映了人们对农业深深的依赖和对自然的虔诚崇拜。如清明正是播种时节，人们就要祭奠祖先的亡灵，祈求对新生命萌发的保佑；六月六"虫王节"正是害虫为害庄稼的大暑时节，人们祷告虫王，请求它手下留情……正如古人所说："国之大事，在祀与戎"，节日民俗中最重要的就是"祀"。这就是农业社会中低下的生产力对人们行为、思想的无情制约。

为了便于记诵，人们编了一首便于记忆的节气歌：

春雨惊春清谷天，夏满芒夏暑相连，

秋处露秋寒霜降，冬雪雪冬小大寒。

上半年来六廿一，下半年来八廿三，

每月两节日期定，最多不差一二天。

历史上，我国的主要政治、经济、文化、农业活动中心多集中在黄河流域，二十四节气也是以这一带的气候、物候为依据建立起来的。由于我国幅员辽阔，特别是南北方气候、物候和物产差异较大，所以人们又根据各地特点，编出了指导当地农业生产的二十四节气歌，形成各地独具特色的节气内容与生产、生活习俗。

东北地区是我国纬度位置最高的区域，属于温带湿润、半湿润大陆性季风气候，夏季高温多雨，冬季寒冷干燥。"东北"一词，起源较早。《周礼·职方氏》中记载："东北曰幽州，其镇山曰医巫闾。""医巫闾"，是属于通古斯语系的东胡语"伊可奥利"的音译，译作汉语，就是"大山"的意思。

所谓"花信风"，是指花开时吹过的风，因为是应花期而来的，所以叫花信风。花信风不仅反映了花开与时令的自然现象，更重要的是，可以利用这种现象来掌握农时、安排农事，

4

田野花信风
二十四节气的民俗故事

所以又用来代指物候。

本书重点记述以辽西医巫闾山地区为代表的东北地区二十四节气的物候、农事生产以及围绕二十四节气所派生出的谚语、俗语、节庆等民俗文化生活。

东北地区流传的二十四节气歌，既是中原地区移民带过来的，又融合了当地的物候特点。

> 打春阳气转，雨水沿河边。
>
> 惊蛰乌鸦叫，春分地皮干。
>
> 清明忙种麦，谷雨种大田。
>
> 立夏鹅毛住，小满雀来全。
>
> 芒种开了铲，夏至不拿棉。
>
> 小暑不算热，大暑三伏天。
>
> 立秋忙打靛，处暑动刀镰。
>
> 白露忙割谷，秋分无生田。
>
> 寒露不算冷，霜降变了天。
>
> 立冬交十月，小雪地封严。
>
> 大雪江河冻，冬至不行船。
>
> 小寒忙买办，大寒就过年。

歌中有对气候和物候的描述，有对农事和生活的指导。朴素明朗，一如东北黑土地上那广阔、丰饶的田野。不但有四季不同的景色，更有东北人脸上不同的表情。春风吹拂着扶犁、点种的人们，脸上满是希望和期盼；炎炎夏日中，拔节的庄稼咔咔作响，薅草拔苗的人们，满脸的汗水浸泡着深深的疲惫；金色的秋天，成熟的庄稼果树把田野染得五彩缤纷，到处荡漾着大人小孩的欢笑；寒冷的冬天来了，人们忙着采买年货，热腾腾的黏豆包、杀猪菜……热炕头上是浓浓的幸福和化不开的亲情。

时节习俗具有超常的恒定性与包容性，以至于从近代乃至今天的一些东北地区的时节习俗中，我们仍能窥探到几千年前先民们社会活动的踪影和在农业文化包围圈中以变通为手段保留下来的北方各民族远古时期的信仰习俗形态。所以有人说，时节习俗是研究中国农民民俗心理文化的活化石。

一年又一年，风有信，花不误。田野上轮番吹过的花信风，讲述着那古老而又神秘的民俗故事……

# 冬

立冬 立冬交十月 ——115

小雪 小雪地封严 ——121

大雪 大雪江河冻 ——127

冬至 冬至不行船 ——134

小寒 小寒忙买办 ——140

大寒 大寒就过年 ——146

# 秋

立秋 立秋忙打靛 ——79

处暑 处暑动刀镰 ——84

白露 白露忙割谷 ——89

秋分 秋分无生田 ——95

寒露 寒露不算冷 ——100

霜降 霜降变了天 ——106

结 语 —— 153

剪纸目录 —— 157

参考书目 —— 159

致 谢 —— 160

# 目 录

## 夏

大暑　大暑三伏天——70

小暑　小暑不算热——64

夏至　夏至不拿棉——58

芒种　芒种开了铲——52

小满　小满雀来全——46

立夏　立夏鹅毛住——41

## 春

谷雨　谷雨种大田——33

清明　清明忙种麦——26

春分　春分地皮干——21

惊蛰　惊蛰乌鸦叫——15

雨水　雨水沿河边——09

立春　打春阳气转——03

立 春

　　立春是二十四节气中的第一个节气，每年阳历 2 月 4 日前后，太阳到达黄经 315° 时。

　　《月令·七十二候集解》："立春，正月节。立，建始也，五行之气，往者过来者续于此，而春木之气始至，故谓之立也。立夏秋冬同。"

　　立春三候："东风解冻""蛰虫始振""鱼陟负冰"

立春是一年中的第一个节气，东北地区与中原各地一样，也习惯称立春为"打春"。

"打春阳气转。"立春时，自然界正处在阴阳转折时节，天地之间已经在悄然发生着变化，阳气正在逐渐回升。过了立春，万物复苏，生机勃勃，一年四季从此开始了。不过，对东北地区的人们来说，寒风依然凛冽，冰冻仍旧三尺，春天还远未来到。所以，东北人在立春的日子里常叮嘱孩子们要"春捂秋冻"。老人们总会念叨："打春别欢喜，还有四十天冷天气。"就是说，还有一个多月天气才真正开始暖和呢。

但无论怎样，"立春"这一节气还是传递着"春姑娘就要来了"的信息。立春这一日，北方地区讲究要吃萝卜和春饼，俗称"咬春"，东北地区的特色就是卷裹的菜除了常见的炒绿豆芽、炒土豆丝、韭菜炒鸡蛋外，还有酸菜丝炒粉丝。立春这天，人们还要用春条，也就是缠上各色画纸的笤帚条，轻轻地抽打孩子。这些生活中充满乐趣的节俗，都源于人们尽快驱赶阴秽之气，迎接春天来临的心情。

俗语说："春打六九头。"立春节气，多在"五九尾"或"六九头"。有的年头立春在春节前，叫"夕交春"；有的年头立春在春节后，叫"岁朝春"。东北方言中，形象地把从立春之后到春种之前的这段备耕生产时间叫"春脖子"。农谚说："春脖子短，农活往前赶。"这是因为"夕交春"时，人们忙于过年，无暇备耕，而春节后很快就要种地了，所以备耕时间很紧张，即"春脖子"短；而"岁朝春"时，人们在春节后可以有充裕的时间备耕，也就是说"春脖子"长些。

有的年份，农历年里有两个立春，如 2004 年是农历甲申（猴）年，闰二月，正月十四（阳历 2004 年 2 月 4 日）和腊月廿六（阳历 2005 年 2 月 4 日）都是"立春"，这叫"两春"或"两头春"；有的年份，立春正好是农历春节大年初一这天，如 1992 年 2 月 4 日既是"立春"又是壬申（猴）年的春节，这叫"同春"。而有的年份，立春出现在上一年腊月末和下一年正月初，如 2005 年农历鸡年，大年初一是在阳历 2 月 9 日，已过了 2 月 4 日立春的节气，而 2006 年的立春碰巧又在春节之后，即整个 2005 年农历中没有"立春"。这称为"寡春"，引申为"寡妇年"，意为无阳气来临，于人无阳，即无男相配，自然就是寡妇。当然，这种说法是无科学依据的，无立春年只是农历与公历的巧合，是不同历法的时间差造成的。

虽然在习惯上把农历的正月初一，即春节这天当作一年的开端"元旦"之日，但在以农事活动为主要社会行为的农业民的观念中，立春时节还是要被当作生命循环的又一个开端。这种观念反映在对春节前后出生的孩子的岁数计算上，就很明显了。在东北，如"夕交春"生的孩子，可以在立春到春节这几天多算一岁，叫"赖一岁"；反之，在"岁朝春"生的孩子就要"丢一岁"。这种生命与农时的依存关系在今人看来，似乎可笑不经，但在靠天吃饭的农业民心中却是严肃而神圣的事情。

当生命链又一次转动到始端一环时，农业民再次启动生命链的行为是延续了几千年的礼俗：打春牛。在农业社会中，牛是农民丰产丰收的好帮手。立春时节的"打春牛"习俗，摇响了田野花信风的第一朵风铃。

"打春牛"源于古代天子的祭田礼。《礼记·月令》记载孟春之月，"天子亲载耒耜"，以行祭田的礼俗。民国二十年（1931年）《义县志》记载：义县打春牛时"邑令在后，约正在前，各执纸鞭鞭牛，唱曰：'一鞭曰风调雨顺，二鞭曰国泰民安，三鞭曰天子万年春'"。

关于"打春牛"的礼俗，在辽西医巫闾山地区还流传着一则这样的传说："打春牛时糊的纸牛是隋炀帝

**打春牛**

立春时节的"打春牛"习俗，摇响了田野花信风的第一朵风铃。

的化身，因它生前荒淫残暴，所以一定要把它打得粉身碎骨，以警示后来为官者。"这个已脱离了农事而涉及为政的故事，应是一个地域、一个时代的民族文化心理的表述吧。

如今，东北地区"打春牛"的习俗已不复存在了，但人们仍把立春叫做"打春"。农谚说："一年之计在于春""人误地一时，地误人一年"，打春实在是催春的日子啊！

立春时节，重要的节日是春节。春节，民间称为"年"或"大年"。在《说文解字》中，对"年"的解释是："年，谷熟也。"也就是说，在产生"年"字的时代，在生产力水平低下的古代农业社会里，农业民的一切思维都围绕着谷物的生长和成熟进行着。

一年四季的转换，就是一棵谷子的萌生、发芽、生长、成熟的过程。而且，在古人的观念中，人和自然万物都与谷物在同步繁殖和生长，有着同样的生命周期。在他们看来，人的正常死亡，只是回归到原来的状态。人的灵魂是不死的，具有保护后代的神奇力量，这就是祖先。

那么，什么是真正的死亡呢？古人以为，真正的死亡，就是这棵谷子没有到达成熟阶段的夭折，这是最可怕的。在旱、涝、虫、雹等自然灾害不断发生，在疾病、战争频繁的农业社会里，谷物和人类的夭折是经常发生的。人类在四季之中，也总是要遇上七灾八难的凶险的关口。怎么办呢？古人选择了一个个凶险的关口当作"节日"，如清明、端午、中秋、除夕等，在这些节日里祭祀祖先，消灾祈福。过了这个节日，又要向祖先感恩，祈求祖先保佑下一段时日的平安。

　　古代的农业民还以为万物都是有灵魂的，而且和
人的灵魂都是相通相连的。所以，在谷物即将繁殖的
春天，他们又以自身的繁殖行为感应天地，祈求和谷
物一齐勃发生机，繁衍后代，这就出现了古代春季的
郊外野合狂欢节。发展到今天，衍化为"打正月，闹
二月，哩哩啦啦到三月"的闹春习俗。

**跑旱船**

发展到今天，衍化
为"打正月，闹二
月，哩哩啦啦到三
月"的闹春习俗。

# 雨水

雨水是二十四节气中的第二个节气，每年阳历 2 月 19 日前后，太阳到达黄经 330° 时。

《月令·七十二候集解》："雨水，正月中。天一生水，春始属木，然生木者，必水也，故立春后继之雨水。且东风既解冻，则散而为雨矣。"

雨水三候："獭祭鱼""候雁北""草木萌动"

雨水时节，气温回升、冰雪融化、降水增多，故取名为雨水。雨水和谷雨、小雪、大雪一样，都是反映降水现象的节气。

"雨水沿河边。"是说雨水节气前后，沉睡了一冬的江河，在阳光下逐渐融化，水会沿着岸边漫上来，润化开，预示着春天即将来临，雨水也会增多。雨水时节，西南、江南的大多数地方已是一幅早春的景象：春江水暖、田野青青。但西北、东北地区依然没有摆脱冬季的寒冷，天气仍以严寒为主，降水也以雪为主。向阳坡岸处的冰雪在白天可能会融化一点儿，但在夜间又会冻成坚硬而又光滑的"溜冰场"。

在雨水节气的十五天里，从"七九"的第六天走到"九九"的第二天，"七九河开，八九燕来，九九加一九，耕牛遍地走"。黄河以南很多地区已经完成了由冬向春的过渡，在春风雨水的催促下，广大农村开始呈现出一派春耕的繁忙景象。但是，北方很多地区其实是"七九河开河不开，八九燕来燕不来"，到了"九九加一九"，也不能"耕牛遍地走"。

在雨水节气前后，将有诸多的与企盼农业丰收的民俗心理相对应的民俗事象发生。如上元日即正月十五元宵节的祭火神——闹花灯；祭农神的傩戏——闹秧歌；祭天神、谷神的仪式——"填仓"，等等。

　　元宵节是春节后第一个重要的节日，是新的一年中第一个月圆之日，所以称"元宵"。元宵节有张灯结彩的习俗，所以又称为灯节。红红火火过大年，正月十五闹元宵，东北人家家户户都挂起火红的大灯笼。

　　灯是火的象征。远古时代，是火引导人类完成了由动物进化为人的漫长过程，对火的崇拜是全人类共有的文化心理。原始农业刀耕火种的耕作方式又使农业与火有了更紧密的联系。每年春耕前的灯节既是对火神的祭拜，又是对原始农业生产方式的纪念。

　　近代，在辽西地区还保留着对火神更直接的祭祀，那就是正月十五火神爷出巡的礼俗。人们抬着火神爷巡查大街小巷、店铺、商号时的功利目的十分明确，那就是企盼火神保佑本地区人民安居乐业，不发生火灾。出巡的火神爷入轿后，要跟着坐车的妓女。人们说，这是因为妓女水性杨花，被百姓称为"避火图"，用她们跟着火神爷出巡可以水火相克。

　　而实际上这正是古代祭神仪式的演化，妓女在这里扮演的是娱乐火神爷的神女角色。如果我们再把这一礼俗与正月十五汉族人迎紫姑的习俗、满族青年祭拜笊篱姑姑的习俗及充满放浪形骸、打情骂俏情调的扭秧歌祭农神的习俗联系起来，就不难理解，正月十五正是古人企盼用鬼（紫姑、笊篱姑姑）、神（火神、农神）以至自身的繁衍行为感染世上万物兴旺的繁衍生殖，以获得更好的生存环境为目的的生育的狂欢节。而节日食品——元宵和汤圆，也正是生命之卵的象征。元宵和汤圆是两种做法和口感都不同的食品，北方的元宵多用箩滚手摇，南方的汤圆则多用手心揉团。

元宵节期间，除了燃灯观灯、猜灯谜、吃元宵外，民间还要进行舞龙、耍狮、扭秧歌等丰富多彩的娱乐活动，其喜庆热闹程度可与春节相媲美，因此人们习惯上将元宵节期间的一系列娱乐活动统称为"闹元宵"。《柳边纪略》中记载："上元夜,好事者辄扮秧歌。"又说："秧歌者,以童子扮三四妇女,又三四人扮参军,各持尺许两圆木,戛击相对舞,而扮一持伞镫、卖膏药者为前导,傍以锣鼓和之。舞毕乃歌,歌毕更舞,达旦乃已。"

秧歌起源于插秧耕田的劳动生活，也和古代祭祀农神祈求丰收、祈福禳灾有关，逐渐发展为祭农神的傩戏。东北秧歌融合了满族、汉族和其他民族舞蹈的

**踩高跷**

元宵节期间，除了燃灯观灯、猜灯谜、吃元宵外，民间还要进行舞龙、耍狮、扭秧歌等丰富多彩的娱乐活动，其喜庆热闹程度可与春节相媲美，因此人们习惯上将元宵节期间的一系列娱乐活动统称为"闹元宵"。

特点，诙谐、豪放、泼辣、幽默，动作既哏又俏，既稳又浪（欢快俊俏之意）。

春天的脚步越走越近了，这时人们在心理上就更加渴求谷种生殖繁茂和天神风调雨顺的保佑。于是正月二十五的"填仓日"——东北人也叫"天仓日""老填仓"，便应时而至了。

正月二十五这天，人们要早起，用灶坑里扒出的灰在庭院里撒上圆形或方形图案，象征粮仓，也称粮食囤，并把五谷杂粮放进仓中，这就叫"填仓"，预示着五谷丰登、粮食满仓；又在仓房点香烛，以祈求谷物满仓；还有在仓房里放钱，用砖头压上，期盼年年有钱。东北满族人家在这天将黏高粱米饭盛入盆内，

**填仓**

正月二十五的"填仓日"——东北人也叫"天仓日""老填仓"。

用秫秸制成马或锄形插于盆内，置于仓房内或仓房外，寓意风调雨顺，象征粮食增产。

在这一天出生的孩子，小名有叫"仓子""满仓"或"满囤"的，祝愿孩子长大后丰衣足食，吃喝不愁。

更有意味的是，新婚媳妇正月回娘家，必须要在正月二十三的"新仓日"赶回婆家来，为夫家"填仓"。这种民俗的功能显而易见是把新婚与填仓当作人口繁衍与谷物丰产可以相互感应的再生产。

**回娘家**

更有意味的是，新婚媳妇正月回娘家，必须要在正月二十三的"新仓日"赶回婆家来，为夫家"填仓"。

# 惊蛰

惊蛰乌鸦叫

惊蛰是二十四节气中的第三个节气，每年阳历3月6日前后，太阳到达黄经345°时。

《月令·七十二候集解》："惊蛰，二月节。《夏小正》曰正月启。蛰，言发蛰也。万物出乎震，震为雷，故曰惊蛰，是蛰虫惊而出走矣。"

惊蛰三候："桃始华""仓庚鸣""鹰化为鸠"

惊蛰，是指阳气回升，春雷动，蛰伏在泥土里的各种冬眠动物将苏醒过来，开始活动。

"惊蛰乌鸦叫。"是说惊蛰时节，大地复苏，乌鸦开始鸣叫。乌鸦这种鸟类对气候变化非常敏感，它们一冬天栖息在树林里，不鸣叫，处于半休眠状态。到了惊蛰时节，大地冰雪消融，秋收时散落在农田里的粮食粒和旷野中的杂草籽，全都裸露在地面上，蛰伏了一冬天的小昆虫也都开始出来活动。这样，乌鸦就有了食物的来源，便在此时互相鸣叫，传递信息，成群结队地飞往田野里觅食。

乌鸦喜食腐肉，叫声聒噪，所以迷信的人一般都认为听见乌鸦叫是不吉利的。但是在东北，乌鸦却被人们视为吉鸟。辽西地区流传着这样一则"乌鸦救主"的故事。

努尔哈赤从小受苦，十来岁就死了娘。十五六岁时，不愿受后娘的气，离家逃到明朝辽东总兵李成梁那里，当了一名侍童。

有一天晚上，李成梁洗脚时，对他的爱妾说："我能当上辽东总兵，都是因为我脚上长了三个黑痣！"李成梁的爱妾把嘴一撇，说："呦，这有啥了不起的！咱们侍童的脚上长了七个红痣，他还不是给咱们当下人！"李成梁一听，心里大惊，寻思道：皇上已经下来圣旨，说是紫微星下降，东北有真龙天子，命我捉拿归案，原来这真龙天子就在我身边！想到这儿，就说："皇上命我捉拿的就是他，今晚我要抓住他，明天好进京领赏。"李成梁的爱妾平日很喜欢努尔哈赤，后悔不该对他讲这件事。怎么办？她想办法偷偷地告诉了努尔哈赤。努尔哈赤听后，偷了一匹菊花青马，带上他的狗，往西北跑下去。夜静更深，李成梁派人去捉拿努尔哈赤，才发现他不见了，就派兵追拿。

再说努尔哈赤跑了一夜，人困马乏。走到一个芦苇塘边，他下马正要歇歇，忽听从小山坡那边传来呼叫声。没等他多想，后面就万箭齐发，射死了菊花青，努尔哈赤流着眼泪说："等我日后得了天下，国名就叫大清（青）。"说完就领着狗钻进了芦苇塘里。追兵放火把芦苇点着了。大火越烧越大，烤得努尔哈赤昏了过去。眼看大火烧到他身边，这下可把那条狗急坏了。它跑到河里打了个滚，再跑回来，在努尔哈赤周围滚来滚去，往返多次。等把努尔哈赤周围的芦苇全都弄湿，狗也累死了。等到努尔哈赤醒来一看，周围一片草灰，还湿乎乎的。又看到了自己的狗死在身边，就全都明白了。他挖了一个很深的坑，把狗埋上，磕头发誓今后子孙万代永远不吃狗肉，不穿戴狗皮衣帽。

努尔哈赤走出苇塘，继续往前跑，跑不远就又被追兵发现了。努尔哈赤跑得太累了，昏倒在一块大石头上。这时，一群乌鸦飞来，遮盖住了努尔哈赤的全身。追兵赶上来，只看到一群乌鸦，未看到人影，只好收兵了。努尔哈赤醒来之后，到处寂静无声，再也没有追兵了。他知道是乌鸦救了他。后来满族人有了在得胜竿上挂锡斗，放肉和粮食酬谢乌鸦的习俗。

由上则故事可知，因为是乌鸦救了努尔哈赤，所以满族人每逢祭祀，必以肉食、粮食供奉乌鸦，以念其恩。正月里立竿祭天的习俗也来源于此。"惊蛰乌鸦叫"，选择"乌鸦叫"作为惊蛰时节的物候现象，也反映了东北人对乌鸦的崇拜与喜爱。

东北地区广大平原上的黑土地，适合农业作物的生长。中原麦黍文化由古已有之的"水是农业的命脉"衍生出的对"龙"的崇拜习俗，对东北农耕文化有着深远的影响，这在"二月二，龙抬头"的"春龙节"习俗中就有着明显的体现。

民国二十二年（1933年）《北镇县志》中记载："各家由庭中撒灰，道经大门至井沿，俗谓'领龙'。""领龙"，也称"引龙"，多是在日出后，从水缸底下撒灶

**乌鸦救主**

因为乌鸦救了努尔哈赤，所以满族人每逢祭祀，必以肉食、粮食供奉乌鸦，以念其恩。

灰，一直撒到井台，谓之"龙道"。撒出"龙道"后，不回头、不说话就打水，然后把水挑回家，倒入缸里，就完成了"引龙入室"的过程。

这一天妇女要忌针，怕扎了"龙眼"；不能剁菜，怕剁了"龙头"；不能铡草，怕铡了"龙头"。但要给小孩子剃头，俗称"剃龙头"，于是怕"正月剃头妨舅舅"留下的头发，只有等到"二月二"这天当作"龙头"去修饰了。

"惊蛰日，蛰虫惊而出走。"为了避免蛰虫对农业的危害，驱虫防虫便也成为惊蛰时节的重要内容。在东北地区，"二月二"这天，人们以秫秸秆敲打房梁、门户，并口中念念有词："二月二，敲房梁，虫子蚰蜒不下房。"还有"二月二，敲锅底，又有柴火又有米"

**敲房梁**

在东北地区，"二月二"这天，人们以秫秸秆敲打房梁、门户，并口中念念有词："二月二，敲房梁，虫子蚰蜒不下房。"

等俗语表达人们对美好生活的向往和追求。在辽西地区，还有在窗户上和房梁上贴"公鸡叼蜈蚣""剪子剪蝎子"等剪纸以防害虫的习俗。这种剪贴实际上是一种古代交感巫术的遗存，在曾经盛行过萨满教的东北地区，对这种古代巫术观念的保存似乎更长久一些。

在东北地区，"二月二"在民间更多地是被称为"猪头节"。这一天要贴"猪头花"，吃猪头肉，民间称之为"扒猪头"。民国二十二年（1933年）《吉林新志》载："各家将年末所食肥猪之头、蹄留至是日食之。故有'二月二，龙抬头；天上下雨，地下流；家家户户吃猪头'之谚。"

# 春分

春分地皮干

春分是二十四节气中的第四个节气，每年阳历 3 月 20 日或 21 日，太阳到达黄经 0° 时。

《月令·七十二候集解》："春分，二月中。分者，半也。此当九十日之半，故谓之分。秋同义。夏冬不言分者，盖天地闲二气而已。"

春分三候："玄鸟至""雷乃发声""始电"

春分这一天，阳光直射赤道，南北半球昼夜相等，从此北半球开始了昼长夜短的日子。

"春分地皮干"，是说融化的冰雪或蒸升，或浸渗，地皮由湿而干。不过，在东北地区，春分未必"地皮干"。随着天气渐暖，本来干爽的地面上，会洇出一片片湿润的水痕，这标志着冰封的大地又融化了浅浅的一层。如果头一年的雨水充足，这时的乡间道路就会在低洼处"翻浆"，坑洼泥泞，车马难行。

古代，在春分前后的戊日，要举行春社，以社祭土，以祈求丰年。旧时辽西农村的"试犁"风俗就是以社祭土古俗在民间的遗存。

春分时节，我国南方很多地区已是草长莺飞，一片花红柳绿，大部分地区越冬作物进入春季生长阶段。华中地区农谚："春分麦起身，一刻值千金。"南方很多地方也开始了春耕，农谚有"春分种菜""春分种麻种豆"等。

但是在东北地区，春分时节大地还没有化透，不能春耕。不过，"人勤春来早，节后备耕忙"，由于东北的无霜期比较短，农田和农时都必须抓紧。

农谚说："种地不上粪，等于瞎胡混。"备耕的第一要务就是往地里"送粪"。过去，家家户户都有一个粪坑，平时把人的粪尿和猪、牛、马等牲畜的粪尿储存起来，还把一些拉秧的

**试犁**

旧时辽西农村的"试犁"风俗是以社祭土古俗在民间的遗存。

蔬菜、杂草等埋进去，再拉些土用以沤肥。这样日积月累，到了秋天就有了一个粪堆。入冬的时候再用铁锹翻一遍，如果感觉不够，在冬天还要特意去捡粪。春分时，人们开始陆续往地里送粪。每隔一段距离，卸下一小堆儿粪，以保证种地时使用。

选种和试种实验是重要的备耕内容。选用高产优质的品种，是保证庄稼增产丰收的关键步骤。比如有些人家在冬闲时节就开始筛选豆种了，春分时做种子出芽实验，如果出芽率不好，就要及时更换种子。

**挑豆种**

选种和试种实验是
重要的备耕内容。
选用高产优质的品
种，是保证庄稼增
产丰收的关键步骤。

除此之外，备耕还包括刨茬子、平整土地等农活。沉寂了一冬的田野，开始有了人们忙碌的身影，为又一年的春耕、夏锄、秋收、冬藏做好充分的准备工作。

春分时节中的二月初十是"花朝节"，即"百花生日"。这一天花园里设花神神位，焚香祭祀。民国二十三年（1934年）《奉天通志》载："花园于是日祭花神。"

农历二月十九"观音诞辰"是春分时节最大的民间集会，也是城乡一年中最大型的庙会之一。

据史料记载：在我国，最迟在宋代已有"家家观世音"的说法，元、明、清以至近代，对观音的信仰已经发展成民间信仰的主要内容。而在辽西，观音信仰更有其独特的成因和形态。

辽西的白衣观音信仰，与辽代统治者曾把观音奉为家神有关。《辽史·礼志》记载："太宗幸幽州大悲阁，迁白衣观音像，建庙木叶山，尊为家神。"由于辽代皇帝把观音奉为家神，并在萧太后的世袭领地医巫闾山大修佛寺、观音庙堂，就更带动了百姓们对观音的崇信，但这种信仰已与信奉佛教教义相去甚远。如民国二十年（1931年）《义县志》记载的"观音诞辰"习俗："城乡各家每具面、桃致祭神前。按《陶朱公书》云：'是日晴则好，雨则诸物少收。'"可见，观音已被当作有巫术的民间杂神了。再如青岩寺的观音，被人们称为"歪脖老母"，其信仰早成为辽西女神信仰的流变。

# 清明

清明忙种麦

清明是二十四节气中的第五个节气，每年阳历 4 月 5 日前后，太阳到达黄经 15° 时。

《月令·七十二候集解》："清明，三月节。按《国语》曰，时有八风，历独指清明风，为三月节。此风属巽故也。万物齐乎巽，物至此时，皆以洁齐而清明矣。"

清明三候："桐始华""田鼠化为鴽""虹始见"

清明时节，东北的气温才真正开始回升，穿了一冬天的棉衣棉裤此时才正式脱下。如果有谁到清明时还没脱下棉衣棉裤，就会被笑话："清明不脱袄，死了变家雀儿；清明不扒裤，死了变兔子。"每到这天，小孩子也总会被大人拉着去洗头，据说这天洗头会"头清眼亮"，估计也是来源于"洁齐而清明"的寓意。

"清明忙种麦。"清明时节，人们忙着种小麦，春耕播种的农事正式开始了。"二月清明麦在前，三月清明麦在后。"南方的麦田，一般都是秋天播种，开春返青，谓之"冬小麦"。但是，东北的严寒让冬小麦无法越冬，一般播种"春小麦"。清明前后是最佳季节，那时土地才刚刚开化，需要"顶凌"播种。小麦种在冰上是不会死的，而小麦的收获季节却是在夏天的高温天气，所以人们称小麦是"种在冰上，死在火上"。

"清明前后，种瓜点豆"，清明这个节气与农业生产有着密切的关系。在东北地区，清明前后可以种植土豆、大蒜了。种水稻的人家也要开始育苗了。

如果此时有一场"贵如油"的春雨，那是再好不过了。雨后，沿着河边向阳的土坡望去，就可见"草色遥看近却无"的景象了。"似剪刀"的"二月春风"还没有裁出柳叶，但柳芽在悄悄孕育，不久就可以听到孩子们"呜呜"地吹柳笛的声音

了。菜园里，越冬的小葱开始泛绿了。这种去年秋天
时种的小葱，经过一个冬天的酝酿，在春天长出的叶
子像羊角，称为羊角葱。对于春季正处于青黄不接的
人们来说，鲜嫩的小葱是难得的美味，可以小葱炒鸡
蛋，可以烙葱花饼，就是直接蘸酱吃也是脆生生、甜
津津的。曲麻菜（又名苣荬菜）、小根蒜（学名薤白）
也露头了，点缀着光秃秃的田野。每到这时节，人们
总会挖一些细嫩的野菜，洗一洗蘸酱吃，或用开水焯
一下凉拌。

**挖野菜**

每到这时节，人们
总会挖一些细嫩的
野菜，洗一洗蘸酱
吃，或用开水焯一
下凉拌。

　　"七九河开，渔汛就来。"但在东北地区，"七九河开河不开"，渤海湾的春季渔汛要到清明之后的 4 月中旬左右。此时虾爬子（又名皮皮虾，学名叫虾蛄）正值产卵期，它的肉质饱满、味道鲜美，可以直接煮，也可以用它的鲜肉拌入饺子馅，是人们应季的美食。"梭鱼头、鲅鱼尾"，指的是渔汛中先后出现的鱼类，梭鱼春季洄游来得最早。也有说"梭鱼头、鲅鱼尾"，是因为梭鱼头部和鲅鱼尾部的味道都十分鲜美。

**渔汛**

"七九河开，渔汛就来。"但在东北地区，"七九河开河不开"，渤海湾的春季渔汛要到清明之后的 4 月中旬左右。

清明这个节气还是二十四节气中唯一的正式节日，即清明节。清明节是我国传统的节日，也是重要的祭祀节日。清明节的前一天是"寒食节"。寒食取禁火之意。寒食节禁火的习俗最早应来自上古先民为保护火种，每年春季清除旧火、燃换新火的仪式。这本是一个火神死而复生的极其严峻的时刻，可是到了纷纭复杂的阶级社会后，人们却在这原始的"生与死"的问题上，衍化出一个悲剧故事。

相传晋文公重耳流亡时，有一次饿晕了，他的忠臣介子推割下大腿上的肉，煮熟了给他吃，救了他一命。可是晋文公复国后重封功臣时，却唯独忘了介子推。经人提醒后，晋文公后悔不迭，忙派人去请介子推。这时，介子推已经背着老母隐入绵山。为把决意不出山的介子推逼下山来，晋文公命人放火烧山。孰料，大火烧了三天之后，人们上山寻找，只见孝道有名的介子推竟背负老母抱树而死。晋文公捶足顿胸之后，改绵山为"介山"，立祠岁时祭祀，并令此日为寒食节。

这个流传甚广的故事有意无意之间为清明节的到来渲染了悲怆、惨淡的气氛。

千百年来，中国人都把清明节当作祭扫祖坟的日子。此时正是播种时节，人们祭奠祖先亡灵，祈求对新生命萌发的保佑。在众多民族杂居的辽西医巫闾山地区清明祭祀的习俗中，祖先崇拜保留了更古老的生殖崇拜。如满族有清明"送佛托"之俗，即用苞米棒子贴五色纸做成"佛托"。"佛托"是满语，"佛托妈妈"，汉语译为"柳树妈妈"，是北方民族供奉的女始祖神。祭完把"佛托"插在坟头上，用以祈求先祖保佑后代昌盛，民

间也把这个仪式叫"插柳"。北方民族对柳的崇拜也
蕴含着对水的崇拜意识，而对柳树妈妈的信仰，则包
含着更强烈的由图腾崇拜延伸的始祖女神崇拜意识。

　　1915 年 7 月，在孙中山的倡议下，当时的北洋政
府正式下令，规定了以每年清明节为植树节。1925 年
3 月 12 日，孙中山先生逝世。1928 年，为纪念孙中
山逝世三周年，国民政府举行了植树仪式，以后就把
每年的 3 月 12 日定为植树节。1979 年 2 月 23 日，第
五届全国人大常务委员会第六次会议决定，仍以 3 月
12 日为中国的植树节。如今，清明节组织青少年祭扫
烈士陵墓，进行爱国主义教育是一项非常有益的移风
易俗活动。

**植树节**

1979 年 2 月 23 日，
第五届全国人大常
务委员会第六次会
议决定，仍以 3 月
12 日为中国的植
树节。

　　另外，清明节还有一项非常重要的礼俗：这天人们都要到郊外去踏青、游玩。"又是一年三月三，风筝飞满天"，清明时节，孩子们在田野里肆意奔跑、撒欢，天空中飘舞着各式各样的风筝。清明前后的"三月三上巳日"是古人修禊之期，这实际上也是古人春季继正月十五、二月二之后的第三个求育的狂欢节。过了三月三，就要进入繁忙的春耕劳动了，万物也开始进入生长期，狂欢节的帷幕也落下了。

**放风筝**

"又是一年三月三，风筝飞满天"，清明时节，孩子们在田野里肆意奔跑、撒欢，天空中飘舞着各式各样的风筝。

# 谷雨

谷雨是二十四节气中的第六个节气，每年阳历 4 月 20 日前后，太阳到达黄经 30° 时。

《月令·七十二候集解》："三月中，自雨水后，土膏脉动，今又雨其谷于水也。"

谷雨三候："萍始生""鸣鸠拂其羽""戴胜降于桑"

谷雨是反映自然降水的一个节气名称。这时气温回升较快，雨量逐渐增多，由于雨水滋润大地，五谷得以生长。

民间俗语说："清明断雪，谷雨绝霜。"但在东北地区也有"清明断雪不断雪，谷雨断霜不断霜"的说法，"断不断"是说两种情况都可能出现。谷雨过后，对东北大地来讲，真正的春天才终于姗姗来迟，杏花、梨花、桃花、迎春花、玉兰花陆续开放。

谷雨时节，在北方可以听到布谷鸟一阵阵"布谷，布谷"的啼叫声，像是在催人不误农时，及早春播。

"谷雨种大田。"东北人所说的"大田"，是专门指旱田的粮食作物，包括玉米、高粱、大豆、谷子等。北方春季风大，降雨量小，气温升高时地表水分蒸发很快，及时抢墒播种非常重要，所以与其说春种，不如说抢种。谷雨时节在北方农业生产上的意义就更加突出了。此时，是东北广大地区主要农作物玉米、高粱这些所谓的大田作物的抢种时节，也是一年中最重要、最辛苦的农业劳作的开端。过去，种地都是人工协作来完成，有扶犁的、有施肥的、有点种的、有踩土的，工序很复杂，费时、费工、费力。现在，用机械化播种，减轻了劳动强度，提高了生产效率，而且施肥、单粒播种、覆土、镇压等作业，一次性完成。

在辽西地区，有农历三月初十炖鸡蛋的习俗。孩子们总是提前在碗或盘子里种上大蒜，等到这一天剪下蒜苗，撒到鸡蛋糕上，别有一种清香。民国二十年（1931年）《义县志》载："初十日，俗传为'高粱生日'。"因此，该习俗应也有祈盼庄稼丰收之意。

过去，谷雨时节的农历三月二十八，是遍布城乡的天齐庙庙会。天齐庙庙会的主题是承天敬地、祈祝丰年。

"天齐庙"也叫"东岳庙"，是山东移民带来的泰山东岳大帝信仰。"天齐"之称由来已久，《旧唐书》记载："明皇封禅泰山，加号天齐。"这也就是泰山东岳俗称为天齐的缘由。旧时人们相信，人死后灵魂只有归到泰山东岳大帝处，才能与祖先、亲人团聚，否

**谷雨种大田**

谷雨是东北广大地区大田作物的抢种时节，也是一年中最重要、最辛苦的农业劳作的开端。

则会成为流落异乡的孤鬼游魂。

在中国传统文化中，东岳为尊的观念是古老而久远的。《诗经》中即有"泰山岩岩，鲁邦所詹"的诗句。尊泰山为"岱宗"，也就是万物之始。泰山久承天地之气而生万物是中国承天敬地观念的附会和具象化。天地是农业民族的生命之源，泰山承载着天地之灵，是天地之神的化身，所以历朝历代无不由皇帝对它加以封禅。随着中原地区农业岁时文化的传播，对天齐岱宗的信仰也传播到各地。

为什么东北地区的天齐庙会要选在三月二十八呢？据民国九年（1920年）《锦县志》作者引《蠡海集》所释："东岳生于三月二十八日，天三生木，地八成之，含两仪之气于其中也。二十八者，四七也，四七乃少阳位也。"作者用《河图》《洛书》中古老的阴阳术数进行了解释，正说明了中原地区古老的崇尚术数的心理，随着北方地区农耕文化的发展，已被聚居在这里的各民族所共同接受了。

**春耕**

谷雨是春天的最后一个节气，至此，春季的时节民俗已礼施完毕。

　　天齐庙会在有的地方可达七天之久，从三月二十五起，直到四月初一止。七天即应阳位之数，而初一为朔日，又是祭祀之日。于是，在民国二十三年（1934 年）的《奉天通志》对天齐庙会的记述里，我们看到的就是这样的景象："百货杂陈，游人极胜。贤妇孝子，苦肉祈祷。偷儿无赖，间售其伎。纷纷诡谲，善恶都见。"天地之大竟包含了如此的芸芸众生，世象百态，今天看来真是不可思议。

　　谷雨是春天的最后一个节气，至此，春季的时节民俗已礼施完毕。夏天拥抱着希望，也挟带着险峻的气势，向着被天地主宰着的无助的农业民走来了。

立 夏

立夏鹅毛住

立夏是二十四节气中的第七个节气，每年阳历5月6日前后，太阳到达黄经45°时。

《月令·七十二候集解》："立夏，四月节，立字解，见春。夏，假也，物至此时皆假大也。"

立夏三候："蝼蝈鸣""蚯蚓出""王瓜生"

立夏，是夏季的第一个节气，人们习惯以立夏作为夏季开始的日子。但实际在我国，只有福州到南岭一线以南地区进入了夏季，东北和西北的部分地区才刚进入春季不久。我国自古很重视立夏节气，这天，古代的君王们要亲率文武百官到郊外"迎夏"，并指令官员去各地勉励农民抓紧耕作。

"立夏鹅毛住。"是说刮了一春天的西南风到立夏时终于停歇了，此后不再有大风，连鹅毛也不会被风吹起。在辽西，虽然有"立夏鹅毛住"的农谚，但民间又有一句俗话"刮倒大柳树"跟在后边。因为立夏时，辽西呼啸的西南风还刮得正起劲呢，能"刮倒大柳树"，可见大风的威力。

立夏前后，柳树的枝条上已经抽出了绿绿的叶片。榆树的叶子才初露峥嵘，密密匝匝的榆钱儿却已挂满整个树冠，此时正是榆钱儿好吃的时节，小孩子们玩耍之余，总惦摸着钩榆钱儿吃。榆钱儿可以生吃，也可以用开水焯一下，拌上点油，蒸香喷喷的菜团子，还可以和在面里，烙榆钱儿面饼。

天气暖和了，万物复苏，也到了动物们繁殖旺盛的季节。如果一只母鸡下蛋后一直趴在窝里，赶也赶不出，或是不爱吃食饮水，像生病了似的，就意味着这只母鸡要"抱窝"了。"抱窝"，即指老母鸡孵化小鸡，也称"趴窝"，一般 21 天左右小

鸡就孵出来了。从此，鸡妈妈带着小鸡四处觅食，而当夕阳西下，炊烟袅袅升起时，村子里总会出现女人们一遍遍呼唤鸡回家的景象。民间讲究说端午节前出生的小鸡不容易生病，也爱下蛋。究其原因主要是端午节后天气逐渐炎热，蚊虫苍蝇滋生，易发传染病；而端午节前出生的小鸡在这时已经长壮实了，抵抗力增强，不容易生病，整个夏天可以吃的东西又多，到了秋天自然爱下蛋了。

立夏以后，气温明显升高，雷雨也将增多，农作物进入生长的旺季。

农谚说："立夏到小满，种啥都不晚。"这是根据

**孕育**

"抱窝"，即指老母鸡孵化小鸡，也称"趴窝"，一般21天左右小鸡就孵出来了。

东北地区的气候特点总结出来的农事经验。立夏到小满正是农历四月初到四月中旬这段时间，直到农历七月末八月初，还有一百多天的生长期，一般农作物都可成熟。不过，小满时才播种，已经不是最佳时期了，说"不晚"只是说还能有个收成而已。为了保证庄稼不受早霜侵害，人们都力争在立夏前后把大田作物种完。只有在特殊情况下，如遇春旱严重，无法播种，为了等雨才会将播种延至小满以后，但再往后就不能拖了，因为"过了芒种，不可强种"啊！

不管怎样，立夏这个节气都预示着炎热和溽暑即将到来。在辽西，人们习惯立夏这天吃一顿压饸饹或过水面条，而紫皮蒜总是这顿饭不可或缺的佐料。立夏这顿美食是对劳作的犒劳，人们还常喝点小酒尽兴。

**哥俩好**

在辽西，人们习惯立夏这天吃一顿压饸饹或过水面条，而紫皮蒜总是这顿饭不可或缺的佐料。立夏这顿美食是对劳作的犒劳，人们还常喝点小酒尽兴。

儿女们在这一天往往要给老人称上几斤绿豆糕。这些看似平常的习俗，隐含着的却是人们对于随着溽暑而来的瘟热百病的惧怕和忌惮。

农历四月初，在东北地区，春耕才刚结束，铲地还没开始。人们在这时总要忙里偷闲地赶上几次庙会，祈祷神佛保佑自身和家人一年中身体健康，平安无事。

佛教有农历四月初八、十八、二十八"庙门开"的说法，因此四月间的庙会多在这三个日子。如四月初八浴佛节，俗信是佛祖的生日。这天，寺庙的僧众要举行为佛像洗涤全身的"浴佛法会"，这一法会也叫"龙华会"。

浴佛节的习俗在东北地区并不太普遍，但作为农历四月里的第一个庙会，人们总要去赶个热闹、看个新鲜。人们并不在意佛教本身的教义，在民俗文化巨大的消解、同化作用下，浴佛节在人们心中，也只不过是农历五月（被当作恶月）到来之前，一系列为祈福禳灾而举行的庙会的序幕而已。

在东北，锡伯族会举行农历四月十八的迁徙节庙会。因为乾隆二十九年（1764年）的农历四月十八，四千余名锡伯族官兵及眷属奉朝廷之命由盛京（今沈阳）出发，西迁新疆伊犁地区屯垦戍边。所以，以后每逢农历四月十八，人们都会开展各种活动，以隆重纪念祖先的英雄业绩，这一天遂成为锡伯族的传统节日。

# 小满

小满雀来全

小满是二十四节气中的第八个节气，每年阳历 5 月 21 日前后，太阳到达黄经 60° 时。

《月令·七十二候集解》："小满，四月中。小满者，物至于此小得盈满。"

小满三候："苦菜秀""靡草死""麦秋至"

小满，意思是说农作物到了小满这个节气，已经结果，但尚未成熟，所以叫"小满"。小满节气时，黄河中下游地区还流传着这样的农谚："小满不满，麦有一险。"这"一险"是指小麦在此时刚刚进入乳熟阶段，非常容易遭受干热风的侵害，从而导致小麦灌浆不足、籽粒干瘪而减产。在东北地区，小麦是清明时节种的，玉米、高粱等大田作物是谷雨时节才种的，离"小满"还早着呢！所以当地农谚有："小满不满，芒种开铲"之说。

"小满雀来全。"雀，东北方言为"巧"，麻雀叫"家雀（巧）儿"，其他任何小鸟都叫"雀（巧）儿"。到小满时节，包括燕子在内的所有候鸟都已飞回了北方。燕子喜欢在人家的屋檐下衔泥筑巢。俗话说："燕子垒窝一口口泥。"燕子来来回回好多天，新窝才能筑好。然后，再去寻来些软草，细心地铺垫在窝里，准备哺育后代。东北人喜欢燕子，认为燕子来自家筑巢是件荣耀的事，所以都很善待燕子。顽皮的小孩若是想爬上房檐去看看或是用竹竿捅燕子窝时，大人们总会吓唬说："那可不行，这是要烂眼睛的。"小孩子就会吓得收了手，燕子也由此得到了保护。一年一年，燕子如期飞回，径直去"维修"去年的窝，而如果回来的燕子舍弃旧窝，在旁边砌筑新的窝，那么，一定是旧窝的主人没有回来。这时候，人们又会叹息一番，担心着燕子南去北归的途中是否遇到了意外。

"五月槐花香。"小满时节,仿佛就在一夜间,一串串洁白的槐树花,挂满了枝头,清香四溢,沁人心脾。槐树花可以生吃,有着丝丝的甜和清香味;可以和在发好的玉米面里蒸"发糕"吃;还可以和成馅,包饺子吃。小满过后,芒种将至,农民栽种水稻的黄金季节也随之来临。在北方,农民们掌握水稻插秧的最佳时机,就是看槐树花是否开放,槐树花开了,就是田里插秧最忙的时候了。因此,槐树花就是小满时节的"花信"。

东北地区的农谚说:"不种五月田,不插六月秧。"意思是种大田作物在谷雨节气,即"谷雨种大田",不能拖到五月份;而插秧是在小满节气,不能拖到六

**春燕归来**

东北人喜欢燕子,认为燕子来自家筑巢是件荣耀的事,所以都很善待燕子。

月份。由于气候原因，东北只能栽种一季水稻，要等气温、水温合适的五月下旬才能插秧。因此，小满时，正是水稻插秧的大忙季节。

插秧前，水田要提前翻、耙，灌水晾晒。水稻秧苗是清明时节在另一块地里培育的，有的就在家中的园子里培育。等到插秧时，用平锹撮起秧苗，运到田中再插秧。现在有专用的育秧托盘，可以直接把秧苗卷起来，非常方便。与南方往后倒着插秧不同，东北人一般都是前行插秧，边走边插。水稻插秧可是个辛苦活，连续地弯腰劳动，其劳累可想而知。现在有了插秧机，大大减轻了人们的劳动强度，但插秧机有时候会"缺苗"，仍需要人们下田去补栽。

春天，青蛙在水里产卵，到插秧的季节，水田里就有了一群一群的蝌蚪。等蝌蚪长大变成青蛙，就成为保护庄稼的小卫士了。大人们在田里插秧时，孩子们就在田边抓蝌蚪玩。看到蝌蚪在浅水坑中时，还会把它们放到深水坑中去，孩子们也是保护蝌蚪的小卫士。

**保护蝌蚪**

看到蝌蚪在浅水坑中时，还会把它们放到深水坑中去，孩子们也是保护蝌蚪的小卫士。

当凶险的溽暑即将来临之际，提前到司掌着生老病死命运的娘娘庙、药王庙祭祀，是旧时民众无奈的未雨绸缪之举。

娘娘庙所供奉的娘娘神位，是一个人们心目中母亲般慈祥、善良的女神群体，她们大部分来自中原。其中有司掌生育的云霄、碧霄、琼霄三位娘娘，有司掌眼疾的眼光娘娘，还有司掌幼儿保健的子孙娘娘、痘疹娘娘，等等。

在辽西大凌河畔的马营子村有座马神庙，是因清朝设立大凌河马场而建。该庙中供奉着马王、药王和龙王，此组合颇耐人寻味。马王处于正中位置，昭示着其为"马神庙"的主体地位；药王和龙王，一个负责治病，一个负责供水。这三位可以说都与马匹是否健壮、草场是否兴旺相关。而从供奉的地位上说，马王是正神，庙会定为药王的生日，求雨又是求助于龙王。马神庙中马王、药王和龙王"三位一体"的功能，是民间信仰功利性和多样性特征的反映，人们祈愿三位神灵共同合作，护佑一方平安。

在四月二十八药王生日这天的庙会上，人们除了买些农具、日用品外，还有烧香许愿的，有许家人健康平安的，有许牲畜不生病的，有求生子嗣的。如果遇上天旱年头，这一天还要进行向龙王求雨的仪式。

求雨是集体的事情，每家每户都得出人。求雨时，先在马神庙里求，人们头戴柳树条编的圈（和北方崇柳习俗有关），而不准戴斗笠（因为斗笠是防雨的），都把裤筒撸到膝盖以上（暗含雨大需要蹚水之意）。然后跪下烧黄裱纸，口中念叨什么"大人好过，孩子难受"之类的话，意思是大人挨饿时还可忍一忍，小孩子就不行了，饿得直哭，也就是让老天爷发发慈悲，可怜可怜孩子。祈求完毕，人们抬着"五湖四海九江八河行雨龙王"的牌位到附近各村游行，一路上敲锣打鼓，**每遇到河流、土地庙之类的神灵寓所，都要烧黄裱纸。这样巡完一圈后，要**到大凌河里去取水，取来了"圣水"，就象征着能下雨了。**最后，**再回到庙上，安顿好龙王爷，人们继续在庙前跪着祈祷。**庙里**香火缭绕，龙王爷像上凝结了小水珠，人们就说："**看把龙王爷都急出汗来了。**"龙王爷急出汗来可以下雨，**嫌热也可以下**雨。人们认为，龙王爷掌管着雨水权，得真心相待，**许了愿就**得还愿，龙王爷高兴了，才能保证风调雨顺。所以，**人们为了**达到求雨的目的，用各种方式娱神、酬神。

赶完庙会，大田里的庄稼也长出来了，马上就到了又一个农活繁忙的季节。

# 芒种

芒种开了铲

芒种

芒种是二十四节气中的第九个节气，每年阳历 6 月 6 日前后，太阳位于黄经 75° 时。

《月令·七十二候集解》："芒种，五月节，谓有芒之种谷可稼种矣"。

芒种三候："螳螂生""鵙始鸣""反舌无声"

芒种，意指大麦、小麦等有芒作物种子已经成熟，抢收十分急迫；而晚谷、黍、稷等夏播作物也正是播种最忙的季节。但是在东北，此刻的麦子正在拔节，麦穗藏而不露，因而还是"见苗不见芒"。

"芒种开了铲。"在东北，此时的田野里，玉米、高粱等出土的禾苗一片嫩绿，农民起早贪黑，开始了除草、中耕的田间管理。铲地，即锄地，主要作用是疏松土壤，加强土壤的毛细管作用，保墒储水，除灭

**铲地的女人们**

"芒种开了铲。"在东北，此时的田野里，玉米、高粱等出土的禾苗一片嫩绿，农民起早贪黑，开始了除草、中耕的田间管理。

杂草，以利于庄稼苗壮成长，增产增收。农谚道："锄下有水火。"所谓"有水"，是指在锄草时，即使无草，也必须过锄，以避免地下水分蒸发；所谓"有火"，是指疏松土壤以提高地温。

　　因此，铲地是芒种时节很重要的农活。在东北地区，从阳历 6 月初芒种时节开始铲地，到 7 月中旬"挂锄"为止，是大田里的农活最繁重的时节，至少要"三铲三蹚"。蹚地，是用犁把土翻开，除去杂草，并给苗培土。"蹚"比"铲"的作用更大，因此有"蹚一遍，顶铲三遍"之说。每一遍间隔 10 ~ 15 天，要掌握"头遍浅、二遍深、三遍不伤根"的原则，而且第一遍要比后面两遍细致，有"头遍绣花，二遍跑马"之说。第三遍就要施肥了。顶着烈日，在密不透风的庄稼地里除草、施肥，这个情景总会让人不由想起"锄禾日当午，汗滴禾下土。谁知盘中餐，粒粒皆辛苦"的

**蹚地**

蹚地，是用犁把土翻开，除去杂草，并给苗培土。"蹚"比"铲"的作用更大，因此有"蹚一遍，顶铲三遍"之说。

诗句，从而更加珍惜来之不易的粮食。"三铲三蹚"之后就可以"挂锄"了，意思是不用锄头铲地了，就把锄头挂起来。等庄稼长势茂盛，从表面看不到地皮时，就叫"封垄"。

"五月半，没瓦罐。"这一俗语体现了人们对事物的细心观察。铲地农忙时，人们顾不上回家吃午饭，常用"瓦罐"带饭到地里吃。从禾苗有两三片叶时开始铲地，那时把瓦罐放在田间地头，人们一抬眼就能看到。等到农历五月中旬时，禾苗就长得没过瓦罐，人们想要吃饭时得"找"瓦罐了。庄稼长到此时，也可以说是"封垄"了。

芒种前后的农历五月初五，是中国民间传统节日端午节。中国有"值五曰午"的古俗，五月即午月，端即始也，端午也就是五月初始之意。端午也称端阳，又叫夏节、五月节。

民国二十三年（1934年）《奉天通志》引《盖平县志》上说："端阳，又名'五毒日'。盖五月属午，五日为端午，二午相属为火旺之相，过旺则为毒。"这也就是五月被看作为"恶月"，端午节又被称为"五毒日"的原因。

实际上，这是在长期的历史发展中人们总结出来的生活经验：夏季初临，正是各种瘟疫、疾病蔓延之时，出于对瘟疫的惧怕心理、防范意识，先人们在这个"瘟神"下凡的日子里，用各种巫术与之抗争。端午节里一切以防疫避瘟、驱灾祛病为主题的巫术活动，都反映了人们与灾难积极抗争的生存意识，以至被后世人诗化为哀伤却也壮丽的传说和充满童趣的节俗。

据说爱国诗人屈原于五月初五投江之后，为了不使鱼虾损伤他的躯体，人们纷纷用竹筒装米投入江中，留下了端午节吃粽子的节俗。民国二十年（1931年）的《义县志》中引《风土记》载，粽子"盖取阴阳包裹未散之家（意）。"东北的粽子多以芦苇为叶，裹上大黄米或江米，有的加上大枣为馅料，包成四角粽子，外面用马蔺（又称马莲、马兰）缠紧。

端午节这天日出之前，人们纷纷到河边和井台上用凉水洗脸，以除晦气。然后成群结队上山采集艾蒿，因为这天的艾蒿是人们驱逐瘟神的武器。而清晨上山，又有祭祀山神的古俗的踪影。人们把采回的艾蒿高悬于门楣、户牖之上。妇女们还把它插在发髻上，拴在孩子们身上佩戴的药荷包上。

民国九年（1920年）《锦县志》载："朔日，以彩纸折叠作葫芦或符印状，缀桃叶挂门前。"为了阻挡瘟神的降临，五月初一时，人们就在门上挂用彩纸折叠成的"葫芦"，下面挂两片桃叶，称为"药葫芦"或"符印"。传说神仙吕洞宾曾秘示世人，此日用葫芦蓄药可镶五毒。所以家家挂起了药葫芦，姑娘们和小媳妇们则用五色线做成香包，里面填上香草，戴在衣裙上，这应是挂"药葫芦"的写意之笔。

这一天，孩子们要穿上绣着蛇、蝎、蜘蛛、蟾蜍、蜈蚣"五毒"的小肚兜，戴上由香包、小扫帚组成的护身饰物药荷包。手腕上、脚腕上和脖子上也都系上了五彩丝线，俗称"系续命绳"，它的功能也是被除病毒。民国二十年（1931年）《义县志》载："日午，取小儿所系线缕、荷囊诸物弃之路旁，人无拾者。"五月初五的中午，就要把这些丝线、药荷包之类的丢弃，称为"扔灾"，意为把"病"扔走。同时，也不要捡别人丢弃的这些物品，原因也是不能捡"病"，不能把"病"带回家。

端午节吃鸡蛋是北方人的节俗。鸡蛋放在煮粽子的锅里一

起煮熟，浸润了粽叶和江米的香味，吃起来别有一番风味。节日这天，老奶奶把煮熟的鸡蛋放在小孙子的肚皮上滚几滚，嘴里还叨念着："宝子吃蛋，灾星滚蛋！"吃鸡蛋之前，小孩子们还要拿出自家煮的鸡蛋比大小，相互撞击比谁的鸡蛋壳硬，趣味盎然。

**挂药葫芦**

为了阻挡瘟神的降临，五月初一时，人们就在门上挂上用彩纸折叠成的"葫芦"，下面挂两片桃叶，称为"药葫芦"或"符印"。

# 夏至

夏至不拿棉

夏至是二十四节气中的第十个节气，每年阳历 6 月 21 日或 22 日，太阳位于黄经 90° 时。

《月令·七十二候集解》："夏至，五月中。《韵会》曰：夏，假也，至，极也，万物于此皆假大而至极也。"

三候："鹿角解""蜩始鸣""半夏生"

夏至是二十四节气中最早被确定的一个节气。夏至不仅是一个重要的节气，还是中国民间重要的传统节日，古时又称"夏节""夏至节"，人们通过祭神以祈求灾消年丰。此时，阳光几乎直射北回归线，北半球白昼最长，之后，阳光直射位置向南转移，白昼渐短。谚语"冬至长，夏至短"，即是说过了冬至后，白天逐渐变长；过了夏至后，白天逐渐变短。"长五月、短十月，不长不短二八月"，意思是白天最长的一天——夏至在农历五月，白天最短的一天——冬至在农历十月；春分秋分时，昼夜平分，分别在农历二月和八月。

夏至后第三个庚日就开始入伏了，每伏十天。从阴阳消长的文化解释看，伏是指阴气将起，并迫使阳气藏伏之意。入伏之后，天气逐渐热起来，但相比于南方从早到晚闷热的"桑拿"天气来说，东北还是很舒服的，早晚仍旧清凉，只有中午的时候会热一会儿，所以现在越来越多的南方人都选择到东北避暑。

"夏至不拿棉。"因为即便在夏天，东北地区昼夜温差也比较大，一直到阳历6月中旬，早晚仍是凉气袭人。夏锄期间，农民更加忙碌，他们的作息时间往往是"早晨三点半，干完才吃饭，中午连轴转，晚上看不见"。农民早晚下地干活时总披着一件大棉袄或穿件棉马甲御寒，直到夏至前后，天气暖和了，早晚才可以"不拿棉"。

入伏之后，可以起土豆了。土豆要及时起出来，如果起晚了，赶上下雨的话，会"冒泡"，即烂在地里。

在东北，一般春天时种大蒜，入伏后起蒜。起出来后，把一头头大蒜交叉，连同蒜秧子一起编成"辫子"，然后晾晒至七八成干时储存或者销售。用这种方法储存，大蒜不易失去水分。

"头伏萝卜二伏菜，三伏里头看荞麦。"起完土豆和大蒜后，下茬地种冬储秋菜——萝卜、白菜。过去，土豆、白菜、萝卜是东北人冬天的"当家菜"。

夏至时节，北方气温逐渐升高，光照充足，雨水增多，是庄稼旺盛的生长期，与此同时，杂草、害虫

也迅速滋长蔓延，因此需加强田间管理。农谚说："三分种，七分管""夏至不锄根边草，如同养下毒蛇咬"，抓紧中耕锄地是夏至时节极重要的增产措施之一。

农谚说："夏至不开苗，到秋得不着。"开苗也叫间苗，是等苗出齐后，如果苗太密集，就需要拔掉一些长势不好的苗，留下粗壮的苗。如果不及时间苗，空隙太小，影响禾苗生长不说，到秋天就啥也"得不着"。还有一句意思相同但更富东北方言特色的谚语："夏至不分家，到老必得瞎。"把拔掉密集的苗形象地称为"分家"；"到老"，即指到秋天收获的时候；"瞎"，是白废了，白白糟蹋了的意思。

在北方，春季大风加快了土壤中水分的蒸发，又破坏了空气中的降水条件，使空气中的水蒸气很难达到降水的饱和状态，造成了出苗后缺苗断垄的旱情。

**神机妙算**

在东北，一般春天时种大蒜，入伏后起蒜。

农谚说："有钱难买五月旱，六月连雨吃饱饭。"农历五月时的天旱促进了庄稼的扎根和壮杆，避免了庄稼倒伏，杂草也不会因雨水而疯长。而到了六月，庄稼需要吸收充足的水分来促进拔节孕穗。在靠天吃饭的年代，雨水就成了生命之源。

先民们根据长期的观察，总结出了一系列判断是否有雨的谚语。如根据异常气象来判断，"朝霞不出门，晚霞行千里"，意思是如果有朝霞，预示着即将下雨，最好不要出门，而如果有晚霞，那第二天必是晴天，可以放心出门。根据动物的异常行为来判断，如"鸡早宿窝天必晴，鸡晚进笼天必雨""水

缸出汗蛤蟆叫，不久将有大雨到""燕子低飞蛇过道，蚂蚁
搬家山戴帽"等都是即将要下雨的征兆；还有更多的"看云
识天气"的谚语，如"有雨山戴帽，无雨云拦腰"，是说云
如果把山头遮住则预示有雨，云在半山腰则无雨；"天上扫帚
云，三天雨淋淋"，是说如果天上出现扫帚形状的云，则三
天之内必会下雨；还比如"早晨棉絮云，午后必雨淋""火
烧乌云盖（积雨云），大雨来得快""炮台云（堡状高积
云），雨淋淋""棉花云（絮状高积云），雨快临""天上钩钩
云，地上雨淋淋"，等等。每当这个时节，农民们总会习惯性
地仰望天空，如果看到预示有雨的云彩，就会冒出一句谚语，
然后笑逐颜开；而如果预示天晴，则必会唉声叹气地感慨一番。

农谚说："大旱不过五月十三"，也是人们对天时与农时规
律的总结。因为在农历五月十三前后，正值太平洋高气压加强
北推，其带来的水汽在华北上空与北方冷空气交锋，从而形成
华北、东北降雨季节的到来。农历五月十三还有一个雨节。相
传五月十三是关公单刀赴会日，又传此日为关公的"磨刀日"，
这一天，关公要磨刀，而磨刀水便是这天上的雨水。所谓"天
上一滴水，地下一场雨"，因此人们要在五月十二到五月十三
这两天祭祀关公，以求降雨。

如果说，中耕等田间管理是农民在"尽人事"，而求雨，
则只能是"听天命"了，这就是农业社会中农民生存状态的真
实写照。

# 小暑

小暑不算热

小暑是二十四节气中的第十一个节气，每年阳历7月7日前后，太阳到达黄经105°时。

《月令·七十二候集解》："小暑，六月节。《说文》曰：暑，热也。就热之中分为大小，月初为小，月中为大，今则热气犹小也。"

三候："温风至""蟋蟀居壁""鹰始击"

小暑时节，天气转热，逐渐进入了盛夏的季节。

"小暑不算热。"是说小暑时还不算热，因为马上还有大暑来临。

民谚称："小暑大暑，有米也懒煮。"小暑时节，由于天热，人们食欲降低、胃口不佳。解热去暑，水果无疑是不错的选择。东北夏天的水果种类虽然和南方没法比，但也有出众的。比如香瓜，清香袭人，甜爽适口。有脆的，年轻人一般都喜欢吃；也有面的，比较适合老人和小孩。还有西瓜，由于东北昼夜

**卖西瓜**

"瓜见花，二十八"，开花之后二十八天，西瓜就成熟了。

温差大，糖分积淀多，所以西瓜水分足、味道甜。"瓜见花，二十八"，开花之后二十八天，西瓜就成熟了。炎热的夏天吃上一口清凉的西瓜，既解渴又消暑，真是享受啊！

此时，菜园里的蔬菜陆续成熟了，红的西红柿、绿的黄瓜、紫的茄子，清香鲜嫩，给人们增添了不少食欲。辽西的豆角烀饼是一道美食，做法很简单，就是按常规方法炖上排骨、豆角，等炖菜的汤汁下去一半的时候放入事先擀好的大饼皮，放至三四层，相当于给排骨和豆角盖上"被子"，再盖上锅盖，小火慢炖，直至炖菜慢慢收汁。饼和菜一起出锅，饼吸收了排骨和豆角的香气，这就是这道菜的独特所在。排骨和豆角里如果加上土豆、茄子、青椒、粉条等，那就成了另一道名菜——东北乱炖。

蘸酱菜也是这个时节东北餐桌上的特色，很多南方人都不理解，那些蔬菜怎么都可以生吃呢？常见的蘸酱菜有：山野菜、黄瓜、生菜、水萝卜、尖椒、青椒，还有小白菜、小菠菜等。最简单的是大葱蘸大酱，东北人在教育小孩子不要挑食时常说"大葱蘸大酱，越吃越胖"，是因为大葱可以增进食欲，小孩子能多吃点饭，当然就会长得壮实，也即胖了。东北还有一句俗话："烀苞米、炸茄子，撑死老爷子。""炸茄子"其实是水煮茄子，也称"烀茄子"。烀好的茄子可以做蒜茄子，也可以撕成条后直接蘸酱吃，都是下饭的美味。若再吃上一根鲜嫩的玉米，不"撑死"才怪。

说到蘸酱菜，就不能不说东北独特的大酱。童谣唱道："烀黄豆，摔成方，缸里窖成百世香；蘸青菜，调菜汤，捞上一匙油汪汪。"一般是在正月初十烀酱、做酱块子。做法是将黄豆

淘净，泡一天，然后大火煮，小火焖。接下来就要做
"酱块子"了，即把焖好的黄豆捣碎成糊状，做成一
个个长方形的"酱块子"。在最后还总要捏成一个小
鸡形状的，据说是鸡吃虫子，用以防止"酱块子"生蛆。
酱块子做好后，放到阴凉的地方，白天天气好时拿到
阳光下晒晒，一直到农历四月二十八，才正式"下酱"。
为什么要在这一天呢？老辈人说："四月二十八，下
酱才能发。"从表面看，这是取了"八""发"的谐音
巧合而已，其深层原因还是在于此时天气暖和，稳中
有升的温度才能保证大酱里的毛霉菌正常而快速地发
酵。下酱时，把酱块子放在清水里刷净黑毛，然后用
手把酱块掰成小块，放入缸里，加一盆水，再放入盐，
一般是一斤酱块子放半斤盐。缸口用干净的布盖好，
上面再扣个酱斗子（苇子编制，尖顶），放在太阳底

**下酱**

童谣唱道："烀黄豆，
摔成方，缸里窖成
百世香；蘸青菜，
调菜汤，捞上一匙
油汪汪。"

下晒。这以后就需要每天"打耙"了，就是用酱耙子（一根木棒下面钉一块板）每天上下来回捣，然后把一些不干净的沫子盛出来丢掉。这样一月后就发酵好，可以食用了。大酱在东北人家的餐桌上是必不可少的，除了蘸酱菜、炒菜、炖菜时也喜欢用大酱。东北几乎家家都有酱缸，而且因为豆子、用水、发酵程度、下酱手法等多种因素，每家下的酱味道多少都有些差异，这也是东北大酱神奇的地方。

小暑前后，虽正处夏季，在东北，人们却称之为"麦秋"。麦田陆续成熟了，一片片整整齐齐的金黄色，孕育着农民丰收的喜悦。小麦收割以后，下茬种萝卜、白菜等秋菜。

农谚说："六月六，看谷秀。"意思是说，在这一天要注意谷子"秀穗"，即谷子吐穗开花的情况，如果谷子"秀穗"了，就预示着今后会有好的收成。玉米地里，庄稼已拔节，进入孕穗期，应根据长势追施穗肥。水田里，稻秧正在分蘖，已经形成一望无际的绿毯，与蓝天白云相映。小暑时节，也是多种害虫多发的季节，适时防治病虫是田间管理上的又一重要环节。

"一看红彤彤,庄稼生火龙","火龙"即红蜘蛛。除此之外，北方地区危害农作物的害虫通常还有蝗虫、蝼蛄、蜈虫、金龟子、金针虫、夜盗虫、玉米螟、大豆蚜虫等。

农谚说："不怕苗儿小，就怕蝼蛄咬。"在靠天吃饭的年代，人们"要想虫子少，除尽地边草"之外，是无计可施的，他们只有再一次把目光转向神灵。就这样，农历六月六就诞生了虫王节。节日当天，人们杀猪宰羊，敬献虫王爷，祈求虫王爷不生虫灾，让庄稼有个好收成。

六月六这天，满族农家会去山上采椴树的叶子回来，洗干净了包黏米面饽饽，要把蒸好的饽饽放在地头，为虫王祝寿。笃信萨满教的人家还说这一天是"虫王放马日"，他们把腊月三十用过的蜡头放在地面，等星星出来后把蜡头都点上，磕头哭告："虫王爷，把你的马收回去吧！"还有人在地头插小旗，试图阻挡虫王的兵马侵入。

这一天还有"六月六，晒皮肉"之俗，人们翻箱倒柜，把衣服拿出来敲一敲，晒一晒，以防虫蛀。民国二十三年（1934年）《阜新县志》载："六日，俗谓'虫王诞日'。家家陈皮毛衣置日光下晒之，取虫不侵蚀意。"

**晒衣服**

这一天还有"六月六，晒皮肉"之俗，人们翻箱倒柜，把衣服拿出来敲一敲，晒一晒，以防虫蛀。

# 大暑

大暑三伏天

大暑是二十四节气中的第十二个节气，每年阳历7月23日前后，太阳到达黄经120°时。

《月令·七十二候集解》："大暑，六月中。解见小暑。……暑，溽湿也，土之气润，故蒸郁而为湿。"

大暑三候："腐草为萤""土润溽暑""大雨时行"

大暑时节，天气炎热。"大暑三伏天。"是指小暑与大暑之间气温最高、最潮湿闷热的日子。此时正值暑假，广阔天地间成了孩子们的天堂。

最令孩子们高兴的莫过于下河摸鱼了。小伙伴们三五成群带上工具来到河边，堵上一段河水，在下游就可以摸鱼了。如果有谁摸到了一条，都会兴奋地叫起来，引得羡慕声一片。即便摸不到鱼，打打水仗，清凉一下，也是很不错的，无忧无虑的童年就在这玩闹嬉戏中度过。

盛夏的中午，太阳发出刺眼的白光，树上的知了声声，宣告着夏季的炎热。知了的学名是蝉，蝉之所以能鸣叫，是因为它的腹部有一对鸣器。不过只有雄

**下河摸鱼**

如果有谁摸到了一条，都会兴奋地叫起来，引得羡慕声一片。

蝉才能发声，雌蝉是不能发出这种声音的。蝉用针样的口器插到树的枝干里，靠吸植物的汁液维持生命。雌蝉交配以后，把产卵器插入幼嫩的树枝里产卵。蝉卵经过孵化后成为若虫，钻进泥土里待上几年。暑伏时，在某一个雨后的夜晚，蝉的幼虫由土中出来爬到树上，其过程如猴上树，因而俗称为"蝉猴"。"蝉猴"爬上树梢，"脱"去漂亮的蝉衣，当完成一系列"金蝉脱壳"的动作后，新的身躯与精美绝伦的蝉翼就显现出来了。从此，在炎热的大暑季节里，自然界就多了一种"知了、知了"的声音。

蜻蜓，东北话叫"吗灵"。夏日午后，美丽的蜻蜓轻盈地飘飞。顽皮的孩子总会趁大人午睡时悄悄地溜出房门，开始捉蜻蜓的游戏。用粗铁丝在竹竿的一头绑成一个大圈，然后去屋檐下、树杈上粘满蜘蛛网，一个绝佳的捕捉工具——"吗灵拍子"就做好了。蜻蜓乱飞的时候，孩子们就冲过去乱舞，一圈下来，有时能粘几个，有时却空手而归；蜻蜓轻轻地停在树叶或花朵上的时候，孩子们就蹑手蹑脚地走过去捉，生怕把它们吓跑了。

"头伏饺子二伏面，三伏烙饼摊鸡蛋。"暑伏时天气炎热，影响人们的胃口，吃面食，有助于开胃。"二伏面"的面指"面条"，"伏面"之说是中原文化的流传，但"伏面"的吃法，辽西地区的人却有着自己的选择。在辽西人的饭桌上，这一天的"伏面"应是过水面，而且过的还是"井拔凉水"，伴之以紫皮蒜和鸡蛋酱，其爽口有味在当地人看来是无与伦比的。说起辽西的饮食习俗，"高粱米水饭咸鸭蛋，牛肉包子紫皮蒜，鸡蛋打卤过水面"是最受欢迎的，更有"高粱米水饭咸鸭蛋，给个村长都不换"之说。

入伏后到立秋前后，家家户户趁着农闲时候，都要拆洗被褥了。过去，被褥里外拆下来洗完晾干后，还要进行一道特殊的工序，俗称"浆被"。用开水把少许的粉面子（土豆淀粉）稀释成糊状或者直接用煮高粱米饭的浓稠汤汁，即"浆子"，均匀抹在布的反面。再次晾干后，嘴里含上水，一口口地像喷壶似的均匀往布上喷上一层，趁着布面潮湿，要马上"抻被"，目的是把褶皱抖落开、抻平。抻被时要把布叠成几股，形成一个长条，一头站着一个人，两人相互配合，一开一合往相反方向拽。每当此时，孩子们都觉得特别好玩，总闹着要帮忙，但因为力气小，往往会一抻一个趔趄，弄不好还会把布掉在地上，便会笑得前仰后合。抻好后的被面就要放在"捶布石"上，用棒槌乒乒乒乓乓地捶了。东北农村里有一句歇后语，叫"王母娘娘的捶布石——见过大阵势"。有经验的妇女，能从这声音的清浊中判断出棒槌与捶被石的质地、所捶被褥的薄厚。经过这些程序后做好的被，硬邦邦、滑溜溜，晚上刚钻进被窝时凉嗖嗖的，但被面也因此而结实耐用。

大暑时节，田野里稻子已经开始出穗，深绿色的稻浪一望无际，远接天边；玉米、高粱也已经长成了青纱帐。虽然田野里没有什么农活了，但勤劳的庄稼人是闲不住的。

夏天，人们把鸭、鹅赶到小河里自由地游泳，玩够了上岸吃鲜嫩的青草，吃得好长得快，下蛋也多。趁着鸭、鹅在河里时，还要抓紧到庄稼地里挖曲麻菜、马齿苋、蒲公英、车前草等，回家后给猪吃。过去，虽然几乎家家都养猪，但一般人家一年到头却难得吃几回猪肉。等猪养得膘肥体壮时就卖掉，顶多留一口过年时杀。

**喂猪**

过去，虽然几乎家家都养猪，但一般人家一年到头却难得吃几回猪肉。

　　大暑将过之时的农历六月二十三，俗谓"马王生日"。这一天要宰猪祭祀，希望能够免除牧畜的疫病。民国二十三年（1934年）《吉林新志》载："二十三日为'马王诞日'，农户豕祭于庙，谓得其欢心则利于畜牲也。"辽西历来是皇家的马场和马市所在地，所以祭祀马王意义就更大了。

　　大暑过后，整个夏季的节气也过完了，很快就将迎来立秋。

立秋

立秋忙打靛

　　立秋是二十四节气中的第十三个节气，每年阳历8月8日前后，太阳到达黄经135°时。

　　《月令·七十二候集解》："立秋，七月节。立字解见春。秋，揫也，物于此而揫敛也。"

　　立秋三候："凉风至""白露降""寒蝉鸣"

立秋，是秋季的第一个节气，预示着秋天即将来临。

"立秋忙打靛。"靛是从一种叫蓼蓝的植物中提取的，可以用于染布，立秋后这种草成熟了，要抓紧割下来。一种说法作"打甸"，甸指草甸子，意为打草。立秋过后，人们利用秋收之前的空闲时间去打草，一是为寒冬取暖准备柴草，二是有些草留着给牲口过冬吃。还有一种说法认为是"打钿"，意为打制镰刀等收割用具，为即将到来的秋收准备好"家伙式儿"。

**铁匠铺**

还有一种说法认为是"打钿"，意为打制镰刀等收割用具，为即将到来的秋收准备好"家伙式儿"。

农谚说："三伏里头立秋。"立秋虽被当作秋天到来的标志，可此时仍属三伏天，溽热并未消除，天气仍然炎热，因而又有"秋老虎"之说。立秋后的第一个庚日为末伏，早晚毕竟有了清凉的感觉。东北有句俗语："立秋三场雨，扇子扔柜里"，与"一场秋雨一场寒，十场秋雨要穿棉"有异曲同工之妙。

人们的胃口经历了夏天的"苦夏"，此时也逐渐好转，便希望多吃点肉、长膘多点，为漫长的冬天储备能量。于是，立秋这天，民间讲究"吃秋饱""抓秋膘"，多吃饺子、肉类等食物。民国二十年（1931年）《义县志》载："立秋，吾邑每值是节，城乡民商各户，多用饼、饺等面食，俗云'吃秋饱'。"

过了立秋，家家户户就开始晾干菜了。红彤彤的辣椒，用线穿成串，晾在房檐下；葫芦去皮后，"旋"成葫芦条，一排排挂在晾衣绳上；茄子、黄瓜等切成片，晾在盖帘上。豆角可以"生晒"，也可以上锅蒸一下后"熟晒"。阳光充足的话，一般两三天就晒干了，等到冬天的时候拿出来吃，如干豆角炖红烧肉、葫芦条炖小鸡等，都是让人垂涎三尺的东北名菜，别有一番风味。

立秋前后十天是东北的防汛期，易发生洪涝灾害。此时，田野里稻田已快出齐穗，玉米正值花粒期。因此，庄稼是需水的高峰期，要防旱，但雨水若大时也要排涝，防止庄稼倒伏。

立秋时节，一个饶有浪漫情调的民间节日又到来了，那就是"七夕"——乞巧节。

《夏小正》记载："七月初昏，织女正向东。"《诗经·小雅·大东》也有"跂彼织女，终日七襄。虽则七襄，不成报章。睆彼牵牛，不以服箱"的诗句。在这两处出现的织女、牵牛都是星名。

到汉代以后，牛郎织女的故事被衍化得更完整、更丰满，民俗性也更强了。

　　传说织女是王母娘娘的女儿，是织彩云的仙女。一天，她偷偷下凡到人间洗澡。勤劳善良的牛郎听从老牛的吩咐偷去了织女的衣服，使织女不能回到天宫。于是织女与牛郎结为夫妻，生有一儿一女，并把自己的织技传到了人间。王母娘娘知道织女下凡后大怒，派天兵捉拿织女回宫。牛郎披上已故老牛的牛皮，担上一双儿女追上天来。眼看就要追上了，王母娘娘拔下金簪，在织女身后划出了一道天河，把牛郎和孩子隔在河西，织女隔在河东。牛郎和织女隔河伤心不已，孩子们也哭喊着要妈妈。王母娘娘心一软就派喜鹊去传话，说让他们七天见一次。没成想，喜鹊把话传错了，变成每年七月初七见一次。结果只好在每年七月初七这一天，由喜鹊搭桥让牛郎织女全家团聚。牛郎织女隔河相守，变成了两颗星星，孩子们也变成了牛郎星身边的两颗小星。

　　由于牛郎织女故事的家喻户晓，每年农历七月初七向织女星乞求智巧的"乞巧节"的习俗也被广为流传，并被各地的乡土文化所改造，形成了有各地文化特色的节俗。

　　此时，北方的夜空通常都会很晴朗，能看到美丽的星空。因立秋时节正是雀禽换毛的时候，人们见到秃头的喜鹊就会调笑说："给牛郎织女搭桥去了，让牛郎织女踩的。"

　　民国二十年（1931 年）的《义县志》载："初七日，俗谓是日牛女二星会诉离情，滴泪为雨，因为'雨节'。"这也是在民间忌讳这一天嫁女的俗因吧！又载："是夕，小儿及女穿针引钱，希邀织女赐巧，又名'乞巧节'。"因乞巧主要是女孩子热心的习俗，所以又称乞巧节为女儿节。

　　这天，女孩子们有的穿针引线以邀织女赐巧，有的在水盆中放入缝衣针，以盆底针影形状来判断是否"得巧"。民国九年（1920年）《锦县志》载："七日，闺中少女置盂水曝庭前，浮针水面，觇影盂中以'乞巧'，盖效穿针故事而以影辨之。"她们在乞求上天让自己能像织女那样心灵手巧的同时，也祈祷自己能有称心如意的美满婚姻。相传，这天晚上躲在黄瓜架下（也有说葡萄架下），可以偷听牛郎织女相会时说的悄悄话；盛上一盆凉水放在地上，甚至还可以从水中看到牛郎织女的身影呢！

**乞巧节**

相传，这天晚上躲在黄瓜架下，可以偷听牛郎织女相会时说的悄悄话；盛上一盆凉水放在地上，甚至还可以从水中看到牛郎织女的身影呢！

# 处暑

处暑是二十四节气中的第十四个节气，从每年阳历 8 月 23 日前后，太阳到达黄经 150° 时开始。

《月令·七十二候集解》："处暑，七月中。处，止也，暑气至此而止矣。"

处暑三候："鹰乃祭鸟""天地始肃""禾乃登"

处暑，人们凭借直觉称之为"出暑""去暑"，意为出了暑伏，天气开始凉爽了。

"处暑动刀镰。"我国南方地区的早秋作物陆续成熟了，开始进入秋收的大忙时节。而在东北，因为只种一季，离秋收还为时尚早，所谓的"动刀镰"恐怕还是指割草。为什么割草一定要在立秋到处暑这段时间呢？据说这时收割的草耐储存，且适口性好，牲口喜欢吃。还比如，在东北端午节时捆粽子的马蔺，如

**喂马**

据说这时收割的草耐储存，且适口性好，牲口喜欢吃。

在立秋之前割，则容易断裂，只有在立秋后割，才有韧劲。

东北有句俗语："处暑不出头，割了喂老牛。"是说到了处暑时节，如果玉米还没有出穗，那么到收割时也肯定成熟不了，所以还不如处暑时就割下来喂牲口呢。这恐怕也是"动刀镰"的写意之笔。

处暑时节，气温开始下降，雨量减少。农谚说："浇伏头，晒伏尾。"因为处暑时节正是玉米扬花、谷子垂穗、大豆结荚、高粱孕穗的时候，这时需要阳光充足，微风吹拂。如果下起雨来，一般就得连上几天，势必影响花粉传播，生出瘪粒，全年的收成就难以保证了。

在高粱"打苞"孕穗时候，能寻找到一种好吃的东西——"乌米"。"乌米"的产生是因为黑穗病的侵

喂牛 食天料

东北有句俗语："处暑不出头，割了喂老牛。"

入，只能长高粱秆，是不会长出高粱穗子的。黑穗病通过种子和土壤传病，如果有黑穗病，就会影响下一年的庄稼，所以种高粱不要"重茬"，最好玉米、大豆等"倒茬"，即轮作。辨识"乌米"是需要"慧眼"的，如果掰错了，就破坏了高粱的授粉，不能孕穗了，所以不能轻易去掰。而有经验的老农则会一掰一个准，将顶端的高粱苞掰下来，剥开包裹着的几层嫩绿薄皮，便露出了一截乌白色的"乌米"。"乌米"吃起来清香脆快，小孩子边玩边吃，还有很多乐趣。现在，种子都拌上药来预防黑穗病，黑穗病没有了，孩子们也都不知道什么是"乌米"了。

农谚说："七月十五定旱涝。"是说节气时令到了农历七月十五这天，这一年是干旱还是洪涝就基本确定了，此后，干旱到了尽头，洪涝也不会再肆虐。所以，只有等到"七月十五定旱涝"的时候，庄稼人的心里才觉得踏实一些。可是庄稼能否结籽成熟，人们的心里还是忐忑不安，又开始了新企盼。于是，一年中的第二个鬼节"中元节"便应时而至了。

"中元"是与正月十五的"上元"相对应的。因为七月十五是下半年第一个望日，正处于年中，所以称为"中元"。佛教徒称之为盂兰盆节，多和目连救母的故事结合在一起。事实上，这个节日和古人在七月举行的祭礼也有着内在的联系。《礼记·月令》篇上说："（孟秋之月）农乃登谷，天子尝新，先荐寝庙。"在收获的季节，天子象征性地以新谷祭祀祖庙，表达对祖先的敬意。《东京梦华录》中也记载中元节习俗为"买素食、祭米饭，享先以告秋成"，说明了中元节的节俗是以祭祖为主题的。

一年中第一个鬼节是清明节，那一天上坟祭祀，目的是祈祷祖先保佑种子萌发，转向新生。而这第二个鬼节中元节，是成长的生命要孕育新的种子、新的生命的时刻，人们再一次向祖先祈祷，保佑新的生命成熟。

在辽西医巫闾山地区，中元节习俗流传很早。在辽金时，契丹人和女真人受汉族人的影响就已经很重视中元节的祭祀了。清初至民国期间，沟帮子祭祀先祖，超度亡灵、放河灯的盂兰盆会已是关外很有名的中元节庙会了。民国九年（1920年）的《锦县志》也记载："月之下旬，天后宫建'盂兰盆会'，……诣凌河放灯。"

在辽西的习俗中，还有中元节的前两天，即农历七月十三为新丧者设祭的麻谷节俗。民国十八年（1929年）的《锦西县志》记载："十三日为'麻谷节'，新丧者烧纸哭奠。"民国二十年（1931年）的《义县志》记载："俗呼为'麻谷节'，或曰'没谷'，取旧谷既没之义。"时至今日，辽西地区仍有七月十三上坟烧纸的习俗，老人们的解释是：七月十五是鬼节，如果等七月十五那天烧纸，"人"就收不到了，所以七月十三要提前给"人"烧纸。这里的"人"，即指逝去的祖先，可见，麻谷节也同样带有怀念祖先、祈求祖先保佑的意义。

# 白露

　　白露是二十四节气中的第十五个节气，每年阳历
9月8日前后，太阳到达黄经165°时。

　　《月令·七十二候集解》："白露，八月节。秋属金，
金色白，阴气渐重露凝而白也。"

　　白露三候："鸿雁来""元鸟归""群鸟养羞"

白露时节，天气逐渐转凉，在清晨时会发现地面和叶子上有露珠，这是因夜晚气温降低、水汽凝结在上面的缘故。古人以四时配五行，秋属金，金色白，故以白形容秋露。立秋之后，人们就开始为秋收做准备，但还算不上正式秋收，只是"动刀镰"而已。农谚有："最忙不过八月秋。"到了白露节气，五谷杂粮等农作物陆续成熟，秋收的大忙季节才算真正开始了。

"白露忙割谷。"是说白露时节，谷子成熟了，农民们都忙着割谷子。大田作物首先成熟的是谷子。农

**白露忙割谷**

到了白露节气，五谷杂粮等农作物陆续成熟，秋收的大忙季节才算真正开始了。

谚说："生砍高粱熟割谷。"又说："高粱伤镰一把米，谷子伤镰一把糠。"意思是高粱要早一点割，虽然影响一点产量，但磨出的米好吃。谷子要成熟了再割，如果收早了，会因籽粒不饱满而减产，磨出的小米也是"一把糠"；但也不能太晚了，那样会风刮落粒，或被鸟吃，既浪费又影响产量。庄稼收割完要及时运回场院中。过去，农村都是畜力车，从早到晚人欢马叫，好一派热闹的景象。

在民间，白露日忌刮风下雨，认为"白露前是雨，白露后是鬼"。农谚甚至说："处暑雨甜，白露雨苦"，苦雨的直接后果是蔬菜会变苦。如果白露下雾却是受欢迎的，因为"白露白迷迷，秋分稻秀齐"，意思是说，白露前后若有露水，则稻子将有好收成。"三场白露一场霜"，是说天气一点点变冷了，逐渐由露变为霜。

"白露种葱。"白露时节，可以种越冬的蔬菜了，它们是在露地越冬，经过一个冬天的孕育，第二年春天返青生长发育。此时种的小葱到春天长出时即为"羊

**拉秋**

过去，农村都是畜力车，从早到晚人欢马叫，好一派热闹的景象。

角葱"；此时种的菠菜即称为"秋菠"，又叫老根菠菜、白露菠菜。越冬菠菜的适宜播种期是在白露时节，如果播种过早，越冬苗长得大，外叶衰老，抗寒力弱；播种过晚，越冬幼苗小，第二年春天又会很快抽苔。

"过了白露节，蚊子到田野。"天气转凉，屋里的蚊子不见了，那是它们去找地方产卵，以备留种越冬。因此，人们晚上睡觉时很少受到蚊子的骚扰，但白天正在田间劳动的人们却会屡屡被蚊子叮咬。

到白露时节，已进入农历八月。"二八月，乱穿衣"，每年的农历二月和八月是季节交换的时候，冷热不定，而人们感知和承受冷热的能力也不一样，所以会出现有人穿短袖、有人穿长袖，甚至有人穿棉衣的景象。

"二八月，看巧云。"此时，秋高气爽，云淡风轻，天上的云绚烂多彩、千姿百态，而秋夜里空中的月亮也是显得愈发明亮，中国古代的月神信仰以及和月亮有关的神话传说，使八月十五中秋节的节俗蒙上了一层神秘的面纱。

祭月习俗源远流长。早在周朝，帝王就有春分祭日、夏至祭地、秋分祭月、冬至祭天的习俗。到了秦汉之际，秋日祭月即与农业的收成有了关系。家喻户晓的嫦娥奔月的神话传说，使中秋节拜月的风俗在民间传播开来。唐太宗贞观年间已出现"中秋节"一词。说明当时已有节日的雏形。从此，中秋月圆就日益与人们企盼团圆的美好愿望相结合了。

宋朝时，开始以八月十五为例行节庆日，成为民间一年中三大传统节日之一。《东京梦华录》里描绘了中秋节的盛况："中秋节前，诸店皆卖新酒，重新结络门面彩楼，花头画竿，醉仙锦旆，市人争饮。"《梦粱录》中记述说：八月十五中秋节，"虽陋巷贫窭之人，解衣市酒，勉强迎欢，不肯虚度"。明清至今，过中秋节的习俗在民间一直盛而不衰。

中秋节的节令食品是月饼。无论是南方还是北方，都有中秋节吃月饼的习俗，即以圆如满月的月饼来象征月圆和家庭团圆的意义。至此，中秋节也被赋予了新的文化内涵——团圆。八月十五中秋节这一天家家要吃团圆饭。民间有一句节令俗语："宁留女一秋，不留过中秋。"意思是已经出嫁的女儿，不能留在娘家过中秋节，无论多么忙，都得回夫家吃中秋团圆饭。这是我国漫长的以夫权为主的封建社会思想的遗留。

中秋节"尝新"也是习俗之一。农谚说："七月十五红枣圈，八月十五打枣杆。"中秋之夜，家家在

**中秋节**

花好月圆、人寿年丰，始终是农业民最朴实、最美好的愿望。

院子中间放上一张八仙桌，上摆供月的月饼外，还有大枣、葡萄、毛豆等各种时鲜瓜果。中秋节吃西瓜也是取西瓜寓意团圆之意，而且切出的西瓜瓣数必须是双数才吉利。家人们团聚在一起，观赏皎洁的月亮，大人向孩子们讲述那古老的嫦娥奔月、吴刚折桂和玉兔捣药的神话故事，其乐融融。

农谚说："七月十五定旱涝，八月十五定收成。"农历七月十五时是旱是涝已经确定，到八月十五时，庄稼是否丰收，也已经可以判断。在全家赏月团圆的时刻，人们仍然惦记着地里的庄稼和来年的年景。花好月圆、人寿年丰，始终是农业民最朴实、最美好的愿望。

　　秋分是二十四节气中的第十六个节气，每年阳历 9 月 23 日前后，太阳到达黄经 180° 时。

　　《月令·七十二候集解》："秋分，八月中。解见春分。"

　　秋分三候："雷始收声""蛰虫坏""水始涸"

秋分时，距春分正好半年，阳光几乎直射赤道，昼夜几乎等长，此后将一直是夜长昼短，直到冬至时白天最短。

"秋分无生田"，是因秋分之后，气温持续下降，没成熟的庄稼作物也不能再生长了。在东北地区，从"谷雨种大田"到"秋分无生田"的时间正好是五个月，所以春播必须要及时，农谚有"早种一日，早收十天"的说法。而在靠天吃饭的年代，即使播种及时，如果赶上诸如春旱、夏涝、秋低温等自然灾害，尽管人们付出了同样的汗水，庄稼也要歉收。

不管怎样，人们辛苦大半年，经过了春耕、夏锄，此时开始进入了秋收的季节。

农谚说："秋分割油粮。"秋分时，大豆、苏子、芝麻等油粮作物可以收割了。大豆长到八成熟时，即挂在豆秧上的串串豆荚变成了黄褐色的时候，就要赶紧收割。因为这时大豆等油料作物的荚因露水凝重而不裂、不硬，要是等成熟之后，豆荚容易干裂，把里面的豆粒"撒播"到田野里，造成损失。割大豆更是一个累活，因为大豆秆矮，收割时弯腰角度大，而且大豆荚还容易扎手。

秋分时节，田野里一派丰收的景象。水稻垂下了头，高粱涨红了脸，玉米棒子也鼓鼓溜溜的，都在静静地等待收割。

田野里的庄稼正处在生死的分界线，菜园里一畦畦的秋菜却长得碧绿喜人。秋分时的寒冷甚至轻霜，并不耽误白菜、萝卜、大葱的继续成熟。而且，恰恰因为有了轻霜，才会促进大白菜的"抱心儿"和大葱的"抻根儿"。

这时的山已是层林尽染，民间称"花头山"。山上的榛子、核桃、松子也都熟了。山里人说："七月核桃八月梨，九月榛子晒红皮。"山林中、果园里，到处是采摘野果和水果的人群。

辽西地区是水果之乡。锦州苹果、北镇鸭梨、义县银白杏、板石沟大枣等都是水果中的上乘佳品。

**摘核桃**

山里人说："七月核桃八月梨，九月榛子晒红皮。"山林中、果园里，到处是采摘野果和水果的人群。

北镇鸭梨的种植年代较早，在金代已有诗人王寂的咏鸭梨诗句："霜落盘盂比玉卵，风生齿颊碎冰澌。"《大清一统志》中有"医巫闾山梨为贡品"的记载。关于北镇鸭梨，还流传着这样一个故事：

早年间，在闾山道观大朝阳下住着一户人家，老两口带着两个儿子。自从老大娶了个搅家不宁的媳妇，外号叫二傻子的老二就离家出走，住进了山里的阿难寺。因阿难寺破败简陋，人们称它"为难寺"，寺里住着蓬头垢面的"为难"老道。

因为二人处得挺对劲，老道就带着二傻子去游方。走到河北的一个山沟，老道就领二傻子住下了，每天让二傻子去看人家怎么莳弄梨树。等看会了，老道就给二傻子准备了一捆树苗，让他回闾山栽种。回到闾山阿难寺，二傻子辛勤栽树，三年后梨树挂果，果型椭圆，形似鸭卵，二傻子就管它叫鸭梨。挑到市上卖，人们都争着买。一年一年的，种梨树的人越来越多，人们就管二傻子叫鸭梨王。鸭梨王把栽鸭梨的本领传遍闾山，自己也和爹妈过上富裕的生活，并出资在为难寺旧址修建了道观大朝阳。

俗话说："三春不如一秋忙。"这话真是一点也不假，大田作物陆续开始收割，还要上山采野果，果园摘水果。

秋分时节，用刚下来的玉米磨成新玉米面（又称苞米面、棒子面），可以蒸窝头或熬棒子面粥，既可泻秋凉，又能防秋燥。而最具东北特色的则是"东北一锅出"，它是炖菜和玉米贴饼的完美结合。锅底是豆角炖土豆或白菜炖豆腐等炖菜，等锅烧开，用手捧起一团和好的玉米面，在大铁锅周边拍上那么一溜儿。盖上锅盖，添一把柴禾，拉几下风箱，一锅贴饼子就好了。贴饼子面上金黄微软，底下焦糊香脆，散发出新玉米浓郁的香甜，一家人在腾腾热气中，品尝着收获的喜悦。

**贴饼子**

贴饼子面上金黄微软，底下焦糊香脆，散发出新玉米浓郁的香甜，一家人在腾腾热气中，品尝着收获的喜悦。

# 寒露

寒露不算冷

寒露是二十四节气中的第十七个节气，每年阳历10月8日或9日，太阳到达黄经195°时。

《月令·七十二候集解》："寒露，九月节。露，气寒冷将凝结也。"

寒露三候："鸿雁来宾""雀入大水为蛤""菊有黄华"

寒露时，气温比白露时更低，地面的露水更冷，快要凝结成霜了。

"寒露不算冷。"寒露，是从秋季到冬季过渡的时节，所以天气还不是那么寒冷。

此时，正是秋收的大忙季节。寒露前就已开镰收割大豆等油粮，高粱和玉米的青纱帐也已经变成了"黄纱帐"，很快将被收割完毕。

高粱要随割随捆，割完一块地还要戳成一座座的高粱攒子。晒几天以后，就要用"掐刀子"掐高粱穗。有经验的老农在掐时都注意留出够编盖帘的"箭秆"，也就是高粱穗（头）下又直又细的一段茎秆。用这"箭秆"做成的盖帘儿，是东北人常用的厨房用具。它的用途可大了，可以用来放包好的饺子、豆包，还可以晾晒干菜等，不但绿色环保，又方便好用。

收割玉米，有在秆上掰棒的，也有把秆割倒再掰棒的。一般都是白天把玉米棒掰下来后装车拉回家，晚上在院子里趁着月光再剥玉米皮。每年这个时节的晚上，一家人边剥玉米边讲故事，说笑间就把活干完了。

遇到颗粒饱满的玉米棒子，就会特意留出来一些，两个一对儿系在一起，挂在房檐下晾干。冬日里，崩爆米花的师傅来到村里，随着"砰"地一声，第一锅爆米花出锅了。大人小孩

**玉米丰收**

一般都是白天把玉米棒掰下来后装车拉回家，晚上在院子里趁着月光再剥玉米皮。

听见声音都赶紧拿上玉米粒去排队，有的还带上点糖精，一会儿就排起长长的队伍。大家都兴奋地等着，当一锅爆米花要好的时候，孩子们都捂紧了耳朵跑得远远的，"砰"地一声巨响之后，又都欢呼雀跃着围上来。这锅爆米花的主人也总会顺手捧出两把让大家尝尝，爆米花热热的、脆脆的，吃在嘴里香极了。

稻田里，黄灿灿的稻子也熟了，令人心醉。在农业机械化之前，稻子都是用镰刀手工收割，十分辛苦，在寒露的天气里也会挥汗如雨。不过，看着庄稼一点点地颗粒归仓，一年的辛苦总算没有白费，农民们满是汗水的脸上还是难掩丰收的喜悦。

"寒露收山楂。"寒露时节，红彤彤的山楂成熟了，挂满枝头。冬天，用山楂做成山楂罐头或是蘸冰糖葫芦，吃一口清凉无比，酸甜可口。

寒露之后，天气渐凉，菜园里的菜要赶在下霜前收了。农谚有"霜降不起菜，别把老天怪"之语，还有"霜打的茄子——蔫了"这句歇后语，因为零度以下的低温会使茄子表面上的水分结成薄薄的冰霜，白天气温升高又化了，这"一冻一化"就使茄子的外皮发皱，俗称蔫了。农谚说："浓霜打白菜，霜威空自严。"大白菜经霜打后却比未打霜的更甘甜鲜美，所以一般都等下霜后再起。

寒露时节的"花信"是菊花，农历九月也因此而被称为菊月。民国九年（1920 年）《锦县志》载："北地早寒，菊花初放。"此时也是吃蟹的好时候，东北一般是养殖河蟹，九月黄满肉实，味道鲜香。

寒露时节将迎来一个重要节日——重阳节。九九重阳节是最能体现中国古代文化的节日。中国古代文

**鱼美蟹肥**

此时也是吃蟹的好时候，东北一般是养殖河蟹，九月黄满肉实，味道鲜香。

化以天为阳，以地为阴。《易经》中"九"代表阳爻，九月九日，日月并阳，两九相重，故而叫重阳，又称为"双阳节"。

梁朝吴均《续齐谐记》中记载了这样一个故事：

> 汝南桓景随费长房游学累年。长房谓之曰："九月九日汝家当有灾厄，急宜去，令家人各做绛囊，盛茱萸，以系臂；登高、饮菊花酒，此祸可消。"景如言，举家登山。夕还家，见鸡、狗、牛、羊一时暴死。长房闻之曰："代之矣。"

东汉年间，这个故事传播开来。从此，每逢农历九月初九，登高、配茱萸、饮菊花酒便成了历代相传的习俗。

曹丕在《九日与钟繇书》中说："九为阳数，而日月并应，俗嘉其名，以为宜于长久，故以享宴高会。"这段话记录了魏晋南北朝时，九九登高已成为人们寄托天长地久愿望的一种风俗了。

唐代诗人王维在《九月九日忆山东兄弟》一诗中写道："独在异乡为异客，每逢佳节倍思亲。遥知兄弟登高处，遍插茱萸少一人。"这首诗说明，到了唐朝时，中原地区"九九登高""遍插茱萸"已相沿成俗了。

民国二十年（1931年）《义县志》载："初九日为'重阳节'。是日习俗，相率由点心铺买重阳糕饼，登高以遣兴。"

由于"九九"的谐音是"久久"，有长久之意，所以人们常在九月初九这天祭祖与推行敬老崇孝活动。2012年12月28日，全国人大常委会表决通过《老年人权益保障法》，法律明确规定每年农历九月初九（重阳节）为老年节。

从对九九不吉的回避到寄托天长地久的愿望，九九节俗意念发生了根本性的转化。这其中包含了我们民族精神中可贵的自我修复、自我净化的生存能力！

由于"九九"的谐音是"久久"，有长久之意，所以人们常在九月初九这天祭祖与推行敬老崇孝活动。

# 霜降

霜降变了天

霜降是二十四节气中的第十八个节气，每年阳历10月23日或24日，太阳到达黄经210°时。

《月令·七十二候集解》："霜降，九月中。气肃而凝露结为霜矣。"

霜降三候："豺祭兽""草木黄落""蛰虫咸俯"

霜降是秋天最后一个节气,此时,草木枯黄,树叶飘零,一排排大雁往南飞。这个时节的"花信"可以说是鬼子姜花。鬼子姜,即菊芋,又名洋姜,耐寒抗旱,生命力极强,花是黄色的,块茎是一种美味的蔬菜,可以腌制咸菜。有经验的庄稼人一看到鬼子姜开花,就会说:"很快就要下霜啦!"

"霜降变了天。"如果说寒露时,天气还"不算冷",但到霜降时会突然"变了天"。夜间气温大幅度下降,第二天早晨,地面上、房顶上都白花花的,像是下过雪,但仔细一看,又不是雪,而是白色的冰晶,原来是下霜啦!

霜降时节,大田作物已经收割完毕,庄稼也已拉进场院。在水田地区,水稻也已收割完毕,有的运回家里晾晒,有的就在已近干爽的田间,把一个个"稻捆子"集中"戳"起来晾晒。待封冻后,路况好转,再运回来脱粒。霜降后的田野,静穆又空茫,意味着离萧杀的冬天不远了。

农谚说:"霜降刨葱,不刨准空。"霜降时,大葱就要赶紧刨出来了,否则会空心。

"霜降刨地瓜。"霜降前后地瓜停止生长,也要及时刨出来,以免受冻。冬日里,用灶坑烤地瓜,烤熟的地瓜,色泽金黄,香甜可口,好吃得让人一辈子都忘不掉。

"霜降砍白菜。"下过轻霜之后,就要赶紧砍大白菜了。"砍"

字，形象地表现了收白菜的过程——要用刀砍掉白菜根。经过霜打的白菜不但好吃，还易于存储。俗话说："百菜不如白菜。"又说："白菜豆腐保平安。"白菜富含多种营养，堪称万能蔬菜。

"霜降菜宜腌。"霜降是腌渍菜最为有利的时节，因为腌得早了，天热温度高，容易烂；腌得晚了，菜又没有新鲜的了。民国二十年（1931年）《义县志》记载着："霜降前后数日内，齑菜腌蔬，为御冬之备"的农事活动。还说："家家更腌藏各种蔬菜，若萝卜、芥、黄瓜，则腌令咸，谓之'咸菜'。"在东北人的日常生活中，几乎每家的饭桌上都有自制的小菜，如豆、

酱、韭菜花和各种酱渍、盐渍的芹菜叶、秋黄瓜、豇豆、芥菜疙瘩等，人们全靠冬储菜和腌渍菜度过漫长的冬季。

过去，家家户户都有大大小小好几个缸，有水缸、酱缸、咸菜缸等。人们相信用旧缸腌的菜会更好吃。缸若裂了，舍不得扔，有专门从事锯缸的行当。东北童谣唱道："锯盆锯碗锯大缸，小盆小碗不漏汤。拿我的新缸换旧缸，拿我的旧缸腌菜香。"岁月流转，大缸已不多见，锯缸的行当也即将消失，这首童谣还能一直传下去吗？

在北方，腌雪里蕻缨子是最普遍的，方法很简单，

**百财旺旺**

俗话说："百菜不如白菜。"又说："白菜豆腐保平安。"白菜富含多种营养，堪称万能蔬菜。

将雪里蕻缨子洗干净后晾干，一层菜，一层盐，放入缸中上面压个重物，放在阴凉处。腌好的雪里蕻深绿色，或清炒，或配肉，都很好吃，尤其是和豆腐炖在一起，炖得越久越好吃，色、香、味俱佳，让人回味无尽。

而最有特色的要属积酸菜了。酸菜是东北人的最爱，也是东北一大怪——不吃鲜菜吃酸菜。

积酸菜，也称腌酸菜、渍酸菜，关于渍菜还有一个凄美的传说。

金太祖完颜阿骨打，出生于白山黑水间的女

**锯大缸**

岁月流转，大缸已不多见，锯缸的行当也即将消失，这首童谣还能一直传下去吗？

真族完颜部，从小便力大神勇，谋略过人。阿骨打的大妃心灵手巧，不但会做衣做鞋，还会制作可口美味的菜肴。每次阿骨打率领大军出征，她都在家里组织女人们做军衣，备粮草。

有一年，阿骨打远征漠北，他的大妃也随军护送为前方的将士们准备的干粮、蔬菜。一天，运粮队伍在路上突然遇到了敌军的偷袭，由于兵力悬殊，大妃虽拼命护住了军粮，却也中箭而死。大妃临终前用身体压在运送的一罐蔬菜上。过了些许时日，蔬菜在罐内发酵，慢慢变成了味香可口的酸菜。当人们寻找到大妃的遗体时，发现了这罐味道奇特的菜，于是带回部落，如法炮制，

**积酸菜**

酸菜是东北人的最爱，也是东北一大怪——不吃鲜菜吃酸菜。

竟然制作出了一种独特的东北风味的菜肴，大妃也成了渍菜的女神。为了纪念大妃，后人从此认定阿骨打的大妃为北方古老部族的渍菜女神。

大白菜从地里砍回来后，在阳光下晾晒几天，选择壮实的、长满心的，用刀修去边叶，掰掉青帮，砍去菜根，在开水中浸烫一下，然后，一棵棵码在大缸中，菜码到满缸沿了，再注入清水，上面撒些盐，最后用一块大青石头压在菜上，大约过一个月左右的时间，就腌制成了酸菜。酸菜酸甜可口，脆嫩爽口，和猪肉一起炖能使猪肉香而不腻，是做汤菜和馅菜的最佳选料。

在积酸菜时，人们一般还要同时干的活就是扒旧炕、搭新炕。

东北地区的民居都有一铺或几铺火炕，是人们坐卧的场所。为了炕好烧又省柴，每年要把挂上烟灰、不太通畅了的炕洞重新搭筑一下，况且换下来的炕坯经过一年烟熏火燎还是上等的好肥料呢！

烧干这样一铺新炕是很费柴草的，于是人们就一举两得，用烧炕的火来烧水积酸菜。这也是每年这个时节东北农家最日常而又繁忙热闹的景象。

# 立 冬

立冬交十月

　　立冬是二十四节气中的第十九个节气，每年阳历的 11 月 7 日或 8 日，太阳到达黄经 225° 时。

　　《月令·七十二候集解》："立冬，十月节。立字解见前。冬，终也，万物收藏也。"

　　立冬三候："水始冰""地始冻""雉入大水为蜃"

立冬，是冬季的第一个节气，标志着万物进入收藏状态。东北地区的春天来得晚，冬天却来得早，一般在阳历 10 月中下旬，就已是一派冬季的景象，有时还会有初雪降临。

"立冬交十月"，意思是说作为节气点的立冬，在农历的十月。立冬是十月的大节，在古代，天子要亲率群臣迎接冬气，并有赐群臣冬衣、矜恤孤寡之制。

谚语说："立冬挖菜窖。"菜窖，是先民们在寒冷艰苦的冬季生活中，为了防止过冬蔬菜被冻坏而摸索出来的经验。立冬时，地面开始结冻，地下水位下降，适合挖菜窖。过去，北方几乎家家都有菜窖，保证了在漫长的冬季能够吃到蔬菜。

菜窖一般都是在向阳背风处挖两米多深的土穴，长宽根据需要可随意。在上下方便的地方留出一个能容成年人进出的窖口，挖出台阶，也有搭梯子的。挖好后要晾晒几天，然后用木头横搭在坑两边，上搭横杆、铺秫秸，再覆上土，最后做一个封盖菜窖口的盖就行了。

这种菜窖因为在地下，不用供暖，温度也可以保持在 0～5℃左右，用以储存白菜、萝卜、土豆、大葱等。平时也要定期查看，把烂了的菜叶及时清理掉。窖藏的蔬菜不但足够吃上一冬，还可以保鲜到第二年的三四月。

"立冬收仓库。"除了过冬的蔬菜要储存好，粮食也要收进仓库中了。过去，靠畜力、人力脱粒需要坚硬的地面，所以并不是收割完就打场，而是要等立冬上冻后，场地硬实了才开始打场。此时，农民的欢声笑语，从田野里转移到场院上了。

村庄里的大户一般都有一个固定的场院，小户也有在院子里打场的。只有万不得已才用石碌子把一块田地压实，变成临时场院。俗话说："宁走三年道，不使一年场。"因打场后不但把地压得板结紧实，而且遗留下的种子第二年萌发会影响再种的庄稼生长。

在立冬后的月夜，村庄里到处响着打场人吆喝牲口的声音。借着月光，在场内铺下厚厚的一层庄稼，

打场

在立冬后的月夜,
村庄里到处响着打
场人吆喝牲口的
声音。

使牲口的把式站在中间,套着拉石碌子的牲口转圈压,
这叫打懒场,适合黄豆、麦子之类的农作物。还有一
种叫打圈场,是把谷子或高粱穗铺成一圈,中间空着,
用碌子顺圈碾压。

农谚说:"多打几遍场,多收一些粮。"为把粮食
脱尽,人们要用木叉多次"翻场",即把庄稼棵子抖落、
翻个儿,把轧好的翻到下面,没轧好的翻到上面。再
把脱尽粮食的庄稼棵子挑出来,把打下来的粮食攒成
堆儿。这些粮食颗粒中混有很多杂质和碎皮,需要有
风时"扬场"。

扬场是技术活,用木锨撮起粮食粒,在空中划出
一道优美的弧线,需用巧劲把粮食粒撒落开,借助风
力去除杂质和碎皮。与扬场的把式配合的是"漫场"的,

打场

农谚说："多打
几遍场，多收一
些粮。"

他要及时地把散落在粮食粒上的碎皮漫到一边去。一扬一漫之间，两个人的配合十分默契，剩下的就是颗粒分明、干干净净的粮食了。

俗话说："北吃饺子南吃葱，铜锅羊肉好过冬。"在北方，有立冬时吃饺子的习俗，有的地方还讲究要吃倭瓜馅的饺子。立冬是秋天和冬天交接的时节，饺子即有"交子之时"的寓意。粮食归仓之后，在民间还有祭祖、饮宴、卜岁等习俗，人们以时令佳品向祖灵祭祀，祈求上天赐给来岁的丰年。民国十九年（1930年）的《朝阳县志》记载："五谷收藏既毕，则吃黏糕一顿，谓之'吃了场糕'，或以供馔入奠于场圃之中者，谓之'报赛'。"

报赛，即古时农事完毕后举行谢神的祭祀。这一习俗与七月十五中元节一样，也是为种子进入死亡状态的生命祈祷，愿它们顺利通过寒冷的难关，明年获得新生。到后来，这一自然崇拜的习俗被加入了越来越多的社会性，衍化出了孟姜女送寒衣的民间传说。

传说孟姜女和丈夫万喜良结婚不久，丈夫就被抓去服徭役，去修筑长城。秋去冬来，孟姜女为丈夫赶做寒衣，千里迢迢，历尽艰辛，为丈夫送衣御寒。谁知，万喜良却累死了，被埋在城墙之下。孟姜女悲痛欲绝，哀号呼喊。终于，孟姜女感动了上天，哭倒了长城，找到了丈夫尸体。

由此而产生了农历十月初一的"送寒衣节"，在民间则成为给故去亲人"送寒衣"的祖先崇拜的习俗了。

十月初一的送寒衣节与春季的清明节、秋季的中元节，并称为一年之中的三大"鬼节"。有的地方为与中元节对应为下元节，则定为十月十五。

农历十月初一这天，人们要给已故的亲人"送寒衣"，俗称"烧包袱"。民国九年（1920年）《锦县志》载："朔日，祭祖先扫墓，剪五色纸为衣焚之，曰'送寒衣'，亦曰'冥衣'，惟不荐于新殁者。"新去世的亡灵要烧逝者生前穿过的衣服。这些都是为了让已故的亲人能有御寒的衣服穿，温暖地过冬。"包袱"上写收者的名字，以备亲人的亡灵在冥界收取。"烧包袱"的地点有选在坟前，也有就近选在十字路口。

小雪

　　小雪是二十四节气中的第二十个节气，每年阳历11 月 22 日或 23 日，太阳到达黄经 240° 时。

　　《月令·七十二候集解》："小雪，十月中。雨下而为寒气所薄，故凝而为雪，小者未盛之辞。"

　　小雪三候："虹藏不见""天气上升""闭塞而成冬"

小雪节气，意味着将有降雪，但雪量不大，故称小雪。

"小雪地封严。"在小雪节气初，东北土壤冻结深度已达十厘米左右，往后差不多一昼夜平均多冻结一厘米。呼啸的西北风成为常客，冰雪封地，天寒地冻，转入严冬。

到了小雪时节，粮食早已入仓，东北人就进入了真正的"猫冬"状态。因此，如何取暖成了首要问题。

"窗户纸糊在外"，是有名的东北三大怪之一。过去农家的窗户都是木材做的，上下两扇，下面的一扇基本固定不动，上面的窗户扇是活动的，两边有两个圆轴装在窗户框的两个槽里，可以让窗户扇上下转动。夏天天热的时候，可以用木棍把上扇支起来，也可以拿下来。冬天，室内外温差很大，窗户纸就成了分隔冷热空间的一个特殊隔层。糊窗户的纸是专门用芦苇、大麻纤维等制造的，十分厚实。把窗户纸糊在窗子外面，利用风推纸的大面积压强减小了风的压力，从而减少了窗户纸的损坏率，也十分美观。

后来，玻璃取代窗户纸后，冬天早上起来的时候总能看到玻璃窗上冻结的一层晶莹剔透的冰凌花。这些奇幻的冰凌花，形状各异，给孩子们带去无穷的想象和乐趣。

东北民居室内取暖多靠火炕。火炕与外屋地的大灶坑相连接，烧火做饭时，烟就从火炕下面的炕洞子通过，饭做好了，

炕也烧热了。晚上睡觉前，还要再烧一次炕，以保证
整个晚上都是热的。火炕也是人们坐卧睡觉的地方。
由于火炕受热的地方不均匀，炕头热度高一些，炕梢
的热度差一些。通常都是家里的长辈或主事的男人睡
在炕头，接下来是女主人，然后才是孩子，而且孩子
睡觉的顺序通常是越小的越靠炕头，越大的越靠炕梢
一边，如此顺序安排显示了东北人极朴素的长幼之序
和亲子关怀。"老婆孩子热炕头"，是东北人最原始而
真挚的梦想，虽然平凡，却无处不洋溢着一种幸福。

　　秋后的庄稼秆，如玉米秸秆、高粱秸秆、稻草等，
都可以作为烧火的柴禾。在山区，秋忙过后，家里的
男人总会套上大车钻到山里，忙活个三五天，就备足

了一个冬天的烧柴。平时如果感觉柴禾不够烧，也会搂一些杨树叶子来补充。

但是，由于外边的风雪严寒，有时就是把炕烧得滚热，屋内的温度也往往不易升高。于是，人们又发明了另一种取暖工具——火盆。东北有一则谜语："炕上一个大倭瓜，人人见了摸一下"，谜底就是火盆。也是东北一大怪"火盆土炕烤爷太"的来历。

火盆有用泥烧制的，也有铁质的。冬日里，做完饭，趁灶坑里的火还没有成灰烬，把它扒出来，放到火盆里。填火盆需要硬火，这样发热才能持久，苞米瓤子是上好的材料。泥火盆还得有样必备的工具——烙铁，那是一个带有长把的厚三角铁，火扒到盆里之后，要用烙铁压实了，把灰烬拨了开。过去没有电熨斗，熨衣服时就用这烧热的烙铁烫熨，很是实用。

把火盆放在炕上，不论外边怎么寒冷，屋子里感觉都会很温馨。烤火是这个时节大人小孩的一种乐趣。全家人坐在热炕头上，讲故事、剪窗花、玩"嘎拉哈"。"嘎拉哈"一词源自满语，是猪、牛、羊等后腿的一块骨头（学名髌骨），被取出晒干、祛除腥味，留出多个组成一副，也有的涂上鲜艳的油漆。每一个骨头都有四个面儿，较宽的两个面儿，凹进去的叫"坑儿"，稍微凸起并且光滑的叫"背儿"（也叫"肚儿"），两个侧面，像人耳朵的叫"轮儿"，另一侧像"S"型叫"真儿"。"嘎拉哈"的玩法多样，女孩子们尤其喜爱玩。一边玩，一边在火盆里烤些吃的，如土豆、地瓜、黄豆粒、包米粒等，边烤边吃。最好玩的是烤土豆，边烤边念叨一套磕儿："土豆土豆你姓刘，放个屁你就熟！"因为土豆熟了的时候，里面的热气会把上面的浮灰吹出个小洞来，孩子们就以为土豆真的放屁了，于是赶紧扒出来，土豆的香味便在屋子里弥漫开来。

另外，过去东北人抽烟比较普遍。"大姑娘叼烟袋"被看作东北三大怪之一，大烟袋最长的可达一米以上。火盆放在炕沿边上或炕沿前的杌子、凳子上时，在炕上抽烟就可把烟袋锅抵到火盆里取火，也可以把烟灰磕进火盆里。

有名的"东北三大怪"的最后一怪"养活孩子吊起来"，其实也和火炕、火盆有关。在东北最早的居民是游牧民族，他们常把孩子放到柳条筐里吊在树上或挂在马背上，防止毒蛇或野兽侵害。后来随着游牧民族的逐渐定居，把摇篮也搬到了屋里。但摇篮如果

**大姑娘叼烟袋**

"大姑娘叼烟袋"被看作东北三大怪之一，大烟袋最长的可达一米以上。

放在炕上，怕因炕热而"上火"生病，或是不小心被火盆烫伤。于是，便用绳子把摇篮吊在房梁上。只要偶尔抽空推一下，摇篮就可以自己晃悠好长时间，孩子就在里面安然睡觉了。

随着社会的发展，人们的生活发生了天翻地覆的变化。窗户纸换成了玻璃，姑娘扔掉了大烟袋，房子吊了顶棚，悠车也无处挂了。"东北三大怪"逐渐淡出了东北人的生活，仅仅成了人们茶余饭后讲给孩子们听的故事。

**养活孩子吊起来**

有名的"东北三大怪"的最后一怪"养活孩子吊起来"，其实也和火炕、火盆有关。

大雪

大雪江河冻

　　大雪是二十四节气中的第二十一个节气，每年阳历 12 月 7 日前后，太阳到达黄经 255° 时。

　　《月令·七十二候集解》："大雪，十一月节。大者，盛也。至此而雪盛矣。"

　　大雪三候："鹖鴠不鸣""虎始交""荔挺出"

大雪，顾名思义，雪量大。到了大雪时节，雪往往下得大、范围也广。

"大雪江河冻。"在东北地区，大小江河陆续封冻。千里冰封，万里雪飘，天地间一片银装素裹。

农谚说："瑞雪兆丰年。"积雪覆盖大地，保持地面及冬作物周围的温度不会因寒流侵袭而降得很低，创造了良好的越冬环境。而当积雪融化时又增加了土壤的水分含量，供作物春季生长的需要。

在严寒季节里，有时会出现雾凇，俗称"树挂"，是空气中过于饱和的水汽遇冷凝结，随风在树枝等物体上不断积聚冻粘，表现为白色不透明的粒状结构沉积物。有雾凇时，柳树结银花，松树绽银菊，千姿百态，美妙异常。

大雪过后，经常有一排排亮晶晶的冰凌挂在房檐上，那是北方冬季一道亮丽的风景线。还有冻在铁质物件之上的晶莹剔透的雪花，总会吸引好奇的孩子去舔，结果就会被粘住舌头，留下终生难忘的记忆。

大雪时节，日短夜长。农谚"大雪小雪，煮饭不息"等说法，用以形容白昼短到了农妇们几乎要连着做三顿饭的程度。东北冬闲时，人们习惯于一天吃两顿饭。

俗话说："编筐编篓，养活家口。"人们利用冬闲时间大搞家庭副业生产，除了自家用外，还可以卖了钱来贴补家用。除了常见的编筐篓，在东北，主要还有编席和扎笤帚。

席的编织、使用历史非常古远。一直到今天，铺在炕上的炕席和围起来囤粮食用的苇席还被广泛地应用着。编席的原料是秫秸篾。秫秸是主要大田农作物高粱的秸秆。选作编席原料的秫秸，要粗细适中、无霉无蛀、柔韧笔直、蜡质完好。选出来的秫秸要经过破料、压料、润料、刮料等过程，制成均匀、柔韧、亮丽的秫秸篾，俗称"细米儿"。根据席子的不同用途，可编织出各种图案，最常用的炕席、苇席编织的花纹是人字纹和万字纹。人们用灵巧的双手，上下翻飞编出一领领光洁、亮丽、散发着清香的新席，拿到腊月里的集市上去卖，常常成为城镇人争相购买的日用品。

**编席子**

席的编织、使用历史非常古远。一直到今天，铺在炕上的炕席和围起来囤粮食用的苇席还被广泛地应用着。

　　笤帚，在东北俗称"笤帚疙瘩"，是日常用品之一。笤帚在东北的民间故事中多有出现，顽皮的孩子也大都领教过"笤帚疙瘩"的威力。扎笤帚的原料是专门种植的一种高粱品种——"笤帚篾子"。根据笤帚大小，有不同的用途，如扫地的、扫炕的。还有北方传统的刷锅用具——"刷刷"，是用高粱脱粒后的穗来扎成的，经济实用，又绿色环保。

　　大雪时节，已经打完场、拉完粮，辛苦了一年的大牲口便闲置起来。马贩子搭不起一冬的草料，急于出手，所以，这时的牲畜价格要比春季时便宜。而缺牲畜的农家为了省钱，宁可辛苦点喂上一冬天，也要赶在这时购买。于是，在这天寒地冻的时节，马市倒成了最热闹的地方。

　　辽西地区，清朝时曾设大凌河马场，以供皇家用马。至今，当地的很多村庄的名字都与"马"有关，如黄马群堡，是因为此处放养成群的黄色马匹；马营子，是养马放马官兵的营所；将军台，原称浆洗台，是养马官兵们浆洗衣服的地方；南马道、北马道是马匹去大凌河饮水的过道，小马道则是一条小路。

　　辽西医巫闾山地区的广宁马市是东北最大、开设最早的马市之一。《明史·兵志·马政》记载，自明永乐年间，东北始于开原、广宁等处设马市。当时明朝政府规定，东北马市以米、布、绢易马。到20世纪初，辽西地区又先后出现了虹螺岘等几个大型牲畜交易市场。此后，这种统称"马市"的牲畜交易场所就成为关内外马贩子、马经纪、马店老板等活动的独特场所，长久以来，也形成了一套独特的牲畜交易习俗。

　　在马市交易中，有"买卖不交言"的规矩。马贩子、马经纪之间讨价还价、介绍行情，只能在袖筒子捏手指头，如捏七、叉八、勾九、挠六等，这叫"袖里吞金术"，俗称"盖盖儿摇"。

"马市"为统称，不只交易马，还交易牛、骡、驴等牲畜，所以不只有马经纪，还有牛经纪。能否买到合心意的牲畜，相马、相牛的经验就十分必要了。民间总结出相马的程序是："先看一张皮，后看四个蹄，然后抬头掰开嘴，看看牙口齐没齐。"相牛与相马异曲同工，讲究"上看一张皮，下看四双蹄，前看玲珑眼，后看勾子齐"。选耕地用的牛，"鼻背裆要宽，肚大腰圆才打蛮，但不管什么牛，毛都要顺才好"！

**马市**

在马市交易中，有"买卖不交言"的规矩。

买牛

相牛与相马异曲同工，讲究"上看一张皮，下看四双蹄，前看玲珑眼，后看勾子齐"。

　　还有很多俗语，如"长骡短马疙瘩驴""有钱难买四蹄抱，金山银海往家捞""前裆宽，勾拉弯；后裆宽，拉倒山""鬃牛铁青马，青沙骡子不用打""有钱难买腰中花"，等等。这些都表明是好的牲畜。

　　牲口的毛旋也有讲究。旋长在腮下叫"虎口旋"，长在眼睛下边叫"滴泪旋"，长在马鞍处叫"驮尸旋"，这三种旋是农家使用牲畜的大忌，一般是无论贵贱都没人买。还有脑门长通天白毛的，俗称"考头"；白头白尾的，俗称"披麻戴孝"，这两种骡马也都是迷信的农户忌讳的。

　　使用和保养牲畜是农家的大事。牛马圈要设在东西厢房，马槽则必须南北放，牲畜的头尾绝不能南北向，俗称"马吃东西"，因为传说牲畜的头尾不能面向南天门和北斗星，是"自古皇封"的人与牲畜的根本区别。有的人家在马圈贴上猴子剪纸，因为孙悟空当过弼马温，取其谐音"避马瘟"，认为猴子有防止马瘟、保护马匹健康的作用。另外，爱护牲畜，适时喂饮也都有俗谚，如"不怕十天使，就怕猛三鞭""寸草铡三刀，无料也上膘"，等等。

马和牛拉车负重，致使蹄子承受很大的压力，所以人类发明了铁掌，钉在马掌、牛掌上。铁掌磨损后，要及时更换，以保证牲畜的健康。现在，耕种已实现了机械化，牛耕马拉已经成为记忆，钉马掌、钉牛掌的行当也逐渐消失了。

**钉马掌**

现在，耕种已实现了机械化，牛耕马拉已经成为记忆，钉马掌、钉牛掌的行当也逐渐消失了。

# 冬至

冬至不行船

　　冬至是二十四节气中的第二十二个节气，每年阳历 12 月 22 日前后，太阳到达黄经 270° 时。

　　《月令·七十二候集解》："冬至，十一月中。终藏之气至此而极也。"

　　冬至三候："蚯蚓结""麋角解""水泉动"

冬至是二十四节气中最早被确定的一个节气。这一天北半球白天最短、夜晚最长，是一个"阴极之至，阳气始生"的日子。《尚书·尧典》说"日短星昴，以正仲冬"，是指如果日落时看到昴宿出现在中天，就可以知道冬至到了。冬至时，太阳光南移到了极点，此后开始北移。民间有"过了冬，日长一棵葱""吃了冬至面，一天长一线"的俗谚。

"冬至不行船。"冬至时节，东北封冻的河面上，早已不能"行船"，厚厚的冰层甚至能够承重马车、驴车等通行。此时，这天然的滑冰场更是孩子们的乐园。其中，滑冰车、抽冰猴是最受欢迎的两项游戏。

早期的冰车是从雪上爬犁演变过来的，冰车适用于封冻的江面及河面，拖拉物品速度更快，后来逐渐演变成孩子们的玩具。冰车主要是用木板和冰刀做成的，分为双腿冰车和单腿冰车。玩时可以坐或蹲在上面，两手用铁钎子用力杵冰面，使冰车加速向前滑行。

抽冰猴，也叫抽陀螺，俗称抽冰尜。"小小冰尜两头尖，一条鞭子打着转；一转两转连三转，转来转去看不见。"这首童谣形象地描绘了冰猴的样子和玩法。即是两头尖、中间粗的木制玩具，玩时用鞭绳缠绕陀螺，猛然用力往上拉，使它在地面上旋转，并不断抽打使它持续旋转。

　　民间有"冬至大如年"的说法。古时候，冬至所在的农历十一月曾经是正月，二十四节气也曾从冬至开始计算，所以冬至为"岁首"。汉朝以冬至为冬节，官府要举行祝贺仪式，称为"贺冬"，例行放假。冬至祭祀天神，是古代的一项重要习俗，宫廷和民间历来都十分重视。

　　东北满族的冬至祭天古已有之。满族的祭祀仪式分为折九大祭（"折"指封土为祭之处）、树柳枝祭、祈福换锁祭三种。折九大祭，多于冬至前后进行，祭祀对象为"温达浑"和"阿布卡"。"温达浑"即满语"祖先"之意；"阿布卡"即满语"天"的意思。祭天的主要形式是"立竿"，即"立竿祭天"。

**冰上乐园**

此时，这天然的滑冰场更是孩子们的乐园。其中，滑冰车、抽冰猴是最受欢迎的两项游戏。

冬至时的饮食习俗多为面食。俗话说:"冬至饺子夏至面。"在北方,冬至这天的饮食习俗多为吃饺子,民间至今仍有"冬至不端饺子碗,冻掉耳朵没人管""冬至不吃饺,冻坏脚骨爪"的歌谣。也有说"冬至馄饨夏至面"的,还有的地方冬至这天有要蒸馒头或包子之说,称为"蒸冬"。俗云:"冬至不蒸冬,扬场没有风。"农业民在享受冬至欢乐的时刻,心里念念不忘的仍是庄稼的收成。

冬至这天,辽西人有蒸九层糕祭祀的习俗,俗称"拜冬";还有少妇结婚未过三年,不许在娘家过冬的禁忌,且"不忌于立冬,而独忌之于冬至"。为什么媳妇要在冬至前归婆家呢?因为冬至祭祖,这是除夕迎祖灵归来的序曲,全家人(包括嫁到这家的媳妇)

**包饺子**

民间至今仍有"冬至不端饺子碗,冻掉耳朵没人管""冬至不吃饺,冻坏脚骨爪"的歌谣。

都要团聚，做好祖灵归来的准备。

在民间，又把冬至当作"数九"的开始，俗称"交九"。从冬至日算起，数上九个九天，就是数九。"冷在三九"，东北进入了一年中"爹亲娘亲，不如火亲"的寒冷季节。

民间流传有数九歌，描绘了从冬至到九九物候的变化。流传最普遍的一首是这样的：

> 一九二九不出手，
>
> 三九四九冰上走，
>
> 五九六九河边看柳，
>
> 七九河开，八九雁来，
>
> 九九加一九，耕牛遍地走。

这首数九歌可能适合中原地区，在东北地区，由于天气严寒，人们倒说的是："七九河开、河不开，八九雁来、雁不来。"

此外，还有一首数九歌，描写的是早些年单身到关东扛活的"跑腿子"们的生活。

> 一九二九，在家死守。
>
> 三九四九，棒打不走。
>
> 五九六九，加饭加酒。
>
> 七九八九，东家再留也不回头。

"一九二九，在家死守"，是说在家"猫冬"。"三九四九，棒打不走"，是说出来扛活的单身汉，或是攒不够盘缠回家，或是被坏人教唆参加赌博，把一年的工钱输光了，回不去家。

为了度过天气严寒的三九四九天，他们常常在缺少劳力的人家借宿，无偿地干些零杂活。在这些"在人屋檐下，不得不低头"的日子里，什么样的冷遇、劳累都得忍受，"棒打不走"是无处可走啊！到了五九六九，天气转暖了，他们就不情愿白干了，东家就得"加饭加酒"。东北有"七九六十三，跑腿子大爷把眼翻。姑娘上去拉一把，小媳妇上前装袋烟"的俚谣。这首俚谣宛如一出小戏，把旧时东北人的人际关系、交际风俗，刻画得惟妙惟肖。

数九的日子里，有些富贵人家做"消寒图"以解闷。民国二十年（1931年）《义县志》记录说："士宦及商富人家，往往捡九笔之字汇集九字，组成文言，字画中空，一日填实一笔，至九九字画填完，而九消矣。此名为'消寒图'。又或画梅一株，梅花作九九八十一瓣，瓣亦中空，日填一瓣，法与填字同，亦名'消寒图'。"

而广大的农民们在数九时关心的仍然是来年的收成，特别是牲畜的管理。农谚说："交九不喂牛，来年种田愁。"因为从交九开始，经过九九的循环就又开始了新一轮的农业生产。

小寒

　　小寒是二十四节气中的第二十三个节气，每年阳历 1 月 6 日前后，太阳到达黄经 285° 时。

　　《月令·七十二候集解》:"小寒，十二月节。月初，寒尚小，故云，月半则大矣。"

　　小寒三候:"雁北乡""鹊始巢""雉雊"

小寒，与大寒、小暑、大暑及处暑一样，都是表示气温冷暖变化的节气。

"小寒忙买办。"小寒时节已进入了阴历十二月，即腊月。腊月是岁末，与来年元月岁初相交，所以各家各户早早就开始置办年货了。

关于"腊"之得名，应劭在《风俗通义》中提出了三种说法，一说"腊者，猎也，言田猎取兽，以祭祀其先祖也"；一说"腊者，接也，新故交接，故大祭以报功也"；一说"腊者，所以迎刑送德也"。岁末是谷物进入从死亡向新生转化的生死之交的关键时刻，在持"天人合一"宇宙观的古人眼中，万木凋零的自然、蛰伏的虫蛇禽兽与人类一起，都面临着生死之交的难关，因此，要在这新故交接的时刻，祭祀祖先。

早在先秦以前，腊八就是重要的农腊祀日，而"尊天事鬼"就是腊祭的主题。"天""鬼"并提时代的鬼，是祖先的意思，事鬼，即事祖先。腊祭是神农氏时代的岁终大祭，也是当一年农事完毕后报答神恩的"报恩节"。腊八祭只是报恩节的开场锣鼓。

大约到南北朝时，腊月初八之祭就已约定俗成了。那时的祭祀要祭祖神，还祭门神、户神、宅神、灶神、井神，并称为五祀。

佛教传入中国后，释迦牟尼腊八这天吃牧女向他献的乳糜，在菩提树下禅定成道的故事传到了中国。每逢这一天，佛寺都要诵经，并用粥糜（江米、小豆、干果及白糖、红糖合制而成）供佛，俗称佛粥，也叫"腊八粥"。汉唐以后，佛教势力深入民间，使民间吃腊八粥的习俗广为流传。

满族在入关以前，努尔哈赤在赫图阿拉就建有佛寺，并且每逢腊八也要供粥诵经。这就使吃腊八粥的习俗在东北也流传开来。

腊八正值"三九四九冻死狗"之时，人们常说："腊七腊八，冻掉下巴"，那么，此时吃黏米饭，喝大黄米加小豆、干果熬制的"八宝粥"来粘"冻掉的下巴"倒也是一件美事。

腊八这一天，人们还常泡腊八蒜。将紫皮蒜瓣去老皮，浸入米醋中，装在小坛中封严。至除夕启封时，蒜瓣便湛青翠绿，蒜的辣和醋的酸香融合在一起，是过年吃饺子时的最佳佐料。

别看腊月寒冷，过去可是人们扎堆结婚办喜事的月份。主要还是因为是农闲时，人们有充足的时间准备。女儿出嫁时，娘家要准备嫁妆，其中被子最能代表娘家人的美好祝福。被子，谐音"辈子"，所以被子越多，越吉利。被子一般都由母亲亲自缝制，实在忙不过来时，要请辈分高的且儿女双全的"全福人"来帮忙。被子数量必须是双数，寓意成双成对，长长久久。

"小孩小孩你别馋，过了腊八就是年；小孩小孩你别哭，过了腊八就杀猪。"一进腊月，春节的序幕已经拉开，年味一天比一天浓。"有钱没钱，杀猪过年"，在家家户户开始准备年货的时候，其中的重头戏要数杀猪了，吃杀猪菜是东北很多地区进入腊月的标志。

一般农家的猪都是开春的时候买猪崽，经过大半年的喂养，到了年底或杀或卖。过年时，不杀猪的人家，到杀猪的人家去买肉，叫"称肉"。称肉可以不给现钱，叫"赊秋"。"劁猪"是称猪的重量。自己家没养猪，买口猪来杀，也叫"劁猪"，有的两三家合伙"劁"一口猪。

过去，杀年猪可是一件大事，亲戚朋友、左邻右舍都要请来吃杀猪菜。杀猪菜其实很简单，就是把刚杀好的猪肉放进锅里煮，煮好的肉块切成一片片又长又宽的白肉片，再加上切成丝儿的酸菜，一块儿用柴火慢炖。有酸菜的加入，使得这白片肉肥而不腻，浓香袭人；酸菜也融入了肉的香味，清脆爽口，回味无穷。那一大锅热气腾腾的杀猪菜使寒冷的空气中，也

**劁猪**

"劁猪"是称猪的重量。自己家没养猪，买口猪来杀，也叫"劁猪"，有的两三家合伙"劁"一口猪。

洋溢着一股浓浓的喜庆气息。

血肠也是杀猪菜不可缺少的一部分。用新鲜猪血，加入盐及切碎的葱姜等调味料，按照适当的比例混合搅拌，再灌入洗干净的猪肠中，吃法有蒜泥血肠、白肉血肠、酸菜血肠等。有时不做血肠，而是把猪血用温水稀释后，再加上熟油、盐等调料，上锅蒸，蒸好的猪血如同鸡蛋糕一样嫩滑好吃。

俗话说："过年三件事，杀猪淘米做豆腐。"这"淘米"指的是做豆包。一进腊月，家家户户要淘米、磨面、煮豆馅，准备蒸黏豆包。这时，左邻右舍往往都凑到一家去帮忙，十分热闹。传统的做法是用大黄米面或江米面，包上煮好碾碎的红豆，下面垫上苏子叶，之后上锅蒸。很快，豆包的香味就伴着苏子叶的清香飘散出来。黏豆包蒸好后，放在外面冻上一夜，

**杀年猪**

过去，杀年猪可是一件大事，亲戚朋友、左邻右舍都要请来吃杀猪菜。

然后放到缸里储存起来。再吃的时候随取随蒸，放锅里热透了就可以吃了。

年货也少不了水果。由于东北天气寒冷，新鲜水果不好存储，但一些水果冻过之后，却别有一番风味。苹果、柿子都可以冻了吃，最常见、最纯正的是冻秋梨。民国二十三年（1934年）的《奉天通志》载："经冬冻固，色变纯黑，食时以凉水浸之，须臾结冰，去冰食之，其冷沁口。"秋梨冷冻后变成乌黑色，在吃之前要放在水里解冻，东北人俗称"缓"。冻梨"缓"的时候，周围结出了一圈冰，如果捏碎包围着的冰，冻梨已经软了，就说明缓透了。冻秋梨吃起来冰凉爽口、酸甜多汁，过年时吃这种梨能解酒、解油腻。

东北童谣唱道："新年到，真热闹。姑娘要花，小子要炮，老头要个新烟袋，老太婆要副裹脚套。"等大人孩子把东西都置办齐全了，就等着过新年啦！

**做豆包**

俗话说："过年三件事，杀猪淘米做豆腐。"这"淘米"指的是做豆包。

# 大寒

大寒就过年

　　大寒是二十四节气中的最后一个节气，每年阳历 1 月 20 日或 21 日，太阳到达黄经 300° 时。

　　《月令·七十二候集解》："大寒，十二月中。解见前。"

　　大寒三候："鸡乳育""征鸟厉疾""水泽腹坚"

大寒，是二十四节气中的最后一个，也是一年比较寒冷的时节。谚语有："小寒大寒，冻成一团。"

"大寒就过年。"在大寒至立春这段时间，也有很多重要的民俗和节庆，逢闰月时，连除夕、春节也能处于这一节气中，因此大寒时节的节俗主题就是过年。

腊月二十三，俗称"小年"，这一天主要的习俗是祭灶。"二十三，糖瓜粘，灶君老爷要上天。"据说，灶王爷是玉皇大帝派下来专门查访各家民事的，每年腊月二十三要回天上汇报一次。他打报告的内容会直接关系到上天对这家命运的安排，所以人们索性在送他上天时用麦芽熬制的饴糖粘上他的嘴，让他嘴巴甜一点，"上天言好事，下界保平安"。于是在腊月二十三傍晚掌灯时分，烧上三炷香，向灶王爷磕头，再揭下抹上饴糖的灶王夫妇画像，连同给他用秫秸秆做的坐骑一起投入灶坑烧掉，剩下的饴糖，大家分享。

过了小年之后，家家户户更要忙着准备过年了。

"二十四，扫房子"或"二十四，写对子"。"扫房子"，又叫"扫尘"，就是年终大扫除。按民间的说法：因"尘"与"陈"谐音，故扫尘有"除陈布新"的含义，其用意是要把一切"穷运""晦气"，统统扫出门。"对子"，是"对联"的俗称，就是写春联。这天村子里的文化人会很忙，从早到晚求写春联的人络绎不绝。春联要贴在相应的位置，如有上下联的要贴在门的两侧，"金鸡满架"贴在鸡架上、"肥猪满圈"贴在猪圈上，还要写"福"字，倒贴在大门上。总之，对联上都是祝福、祈愿性质的吉利语，表达人们对美好生活的向往和追求。

"二十五，做豆腐。"平日里，一般人家只是偶尔用豆子换一块豆腐，调剂一下单调的饮食，而到了过年前，有条件的人家做"一个豆腐"，即一个豆腐栅做成，约 121 块豆腐；也有两家、三家合伙做"一个"的。说是"二十五，做豆腐"，其实一进腊月，人们就开始到村里的豆腐房排队了。黄豆要放在水桶里用

**拉磨**

最费工夫的要数"磨豆腐"了，通常由两个人操作。

清水泡上一天。最费工夫的要数"磨豆腐"了，通常
由两个人操作。一人推着砻臂不停地转动石磨，一人
负责加黄豆和水。不过一般豆腐房都用小毛驴来拉磨，
大大减轻了人的劳动强度。把豆子磨成豆浆后，再滤
去豆渣、煮开。这时候，就要"点"豆腐了。北方
点豆腐多用卤水，俗话说："卤水点豆腐，一物降一
物。"点好后，再挤压切成块，一块块的豆腐就做好
了。将做好的豆腐放在外面一夜，就变成了"冻豆腐"，
和黏豆包一起储存在"天然冰箱"——大缸里，随吃
随拿。

"二十六，煮年肉。"一般人家早已杀完了年猪，
这一天把猪肉切成一块块，用大锅煮熟，除了当日吃
外，多的留着过年时炖酸菜吃。之前有没来得及杀猪
买肉的，就都要于这一天置办齐全。

**磨豆腐**

一人推着砻臂不停
地转动石磨，一人
负责加黄豆和水。

　　"二十七，杀公鸡。"年谣称："腊月二十七，宰鸡赶大集。"这一天，除了要宰杀自家的公鸡外，还要赶集上店、集中采购年节物品，各地的集市都十分红火热闹。为什么要在二十七杀鸡？这其实还是取"鸡"同"吉"的谐音，有吉利、吉祥的意思。

　　"二十八，蒸供花"，或"二十八，把面发"，意思都是要准备祭祀用的面食。东北天寒，发面时要把面盆放在炕头；也不能太热了，防止"发过头"。蒸供花劳动强度大，特别是揉面更累，此时邻舍间的主妇们总是乐于互助，谁家面先发好，先帮谁家蒸。

　　"二十九，糊香斗。"香斗，是一种专门用来盛放香灰的物品，功能近似香炉，形状近似粮斗，故称香斗。

　　"三十晚上守一宿。"说的是大年三十晚上人们要"守岁"。在除夕之夜，最重大的事是祭祖和迎财神。民国二十年（1931年）《义县志》载："除夕，张灯烛、安神位、祭祖先、正衣冠、拜尊亲，曰'辞岁'。"

　　俗话说："好吃不如饺子。"东北人很多节气都讲究吃饺子，但年饭时反倒一般不吃饺子。年饭一般包括所谓的"四大件"，即鸡、鱼、排骨和肘子，还要有蒸有炸，有炖有炒，凑够八样才吉利。饺子要到夜里"守岁"时吃。这顿饺子是水饺，称为"元宝汤"。有则谜语说："南边来了一群鹅，噼里啪啦都下河。"谜底就是水饺。这顿饺子讲究用韭菜馅的，谐音"久财"，有恭喜发财之意。包饺子时，放硬币或糖在几个饺子里，据说谁吃到谁会在新的一年里运气好。

　　"大年初一扭一扭。"大年初一这天，人们穿新衣戴新帽，互相拜年。秧歌队也陆续进到村庄，人们敲锣打鼓，扭起东北大秧歌。俗话说："宁舍一顿饭，不舍二人转。"过年时，当然也少不了欢快的二人转。

大年初一后的日子也有讲究，称为："一鸡二鸭，猫三狗四，猪五羊六，人七马八，九果十菜。"民国二十年(1931年)《义县志》载："初一至初十日候阴晴、寒暖，占一年谷、人、畜之丰啬。"比如，初一是鸡日，子鸡鸣为正旦，所以，在初一日要剪大公鸡贴于墙上，祭祀太阳。如果这天天气好，那么这一年里鸡就会健康，人们养鸡的话会顺利。以此类推，如果相应的那天天气好的话，那种动物、植物或人当年就会长得好。

正月初二回娘家，是各地普遍存在的风俗。这一天嫁出去的女儿要带着丈夫、儿女回娘家拜年。

**二人转**

俗话说："宁舍一顿饭，不舍二人转。"过年时，当然也少不了欢快的二人转。

民间又谓正月初三是老鼠的结婚日。春节期间祀鼠习俗的剪纸，多为老鼠嫁女、老鼠偷蛋、老鼠偷油等题材，都是表现阴阳交合，生命繁衍的主题。

正月初五，俗称"破五"，这天早上要包饺子，送穷神。腊月三十到正月初五以前，扫完地的垃圾不能倒，只能先放在屋里的拐角处，说是倒了就将好运气也倒掉了。到"破五"这一天，就要彻底搞一回大扫除了，并且还要放鞭炮，寓意为把"穷神"给送走。

一直热闹到正月十五，这个年才算过完。老人讲：过年好，但不能天天过年。人们收拾好心情，又要开始新一年的农事准备了。

**老鼠偷油**

春节期间祀鼠习俗的剪纸，多为老鼠嫁女、老鼠偷蛋、老鼠偷油等题材，都是表现阴阳交合，生命繁衍的主题。

结 语

——十四节气的形成和发展，是与我国长期的农业社会——的生产与发展紧密相连、息息相关的。农业民的一切思维都围绕着谷物的生长和成熟进行着，围绕二十四节气和农业生产而产生的节日习俗和思想观念也反映了古人的信仰习俗和精神面貌。春播时，要向祖先和神灵祭祀；收获时，又要献祭，以酬神娱神，目的都是为了祈求农业丰收。因此，二十四节气是中国传统农业社会最基础的知识，是中国农耕文化的重要组成部分。

因此，当工业社会和信息社会相继到来，并以迅雷不及掩耳之势冲击了祖先千百年来形成和流传下来的观念时，我们不得不怀着极复杂的心情反思二十四节气在现代社会的意义。

农业生产方式的变迁及城市化进程的加快，使得二十四节气对于农业生产的指导作用在很大程度上弱化。相对于靠天吃饭的手工农业生产来说，机械化的现代农业生产大大解放了劳动力，也使粮食不断增产。但事物总有两面性，当人们不用根据节气来安排铲地、除草等农事时，农药和化肥的过度使用所带来的农业污染问题也日趋严峻；当地膜扣种、蔬菜大棚、催熟剂等使得冬天的餐桌上更为丰富时，反季的蔬菜、水果的营养价值和口感也大打折扣，甚至影响人们的健康；当天气预报等科学预测已经很发达，人们不用再"看云识天气"了时，那些朗朗上口的农谚也失去了传承的基础，而"天有不测风云"，也会让人们付出沉重代价。

不仅如此，人们的生活方式和思想观念也相应发生了改变。很多人不再相信天时、物候与人的生产活动之间可以相互作用、相互影响。以血缘家庭为单位的集体活动少了，以个体和小家庭为单位的活动多了；以与农业生产有关系的禁忌内容少了，以与商品经济有关系的公关内容多了；对旧日的缅怀、对祖先的祭祀少了，对未来的筹划，对胜败的占卜多了；理想主义的浪漫色彩少了，现实主义的功利色彩多了……

但是，不论社会如何发展，时代如何变迁，自然界的花草树木、飞禽走兽，仍然会按照一定的季节、时令活动。如植物的萌芽、长叶、开花、结果，动物的蛰眠、复苏、始鸣、繁育、迁徙等，都是受气候变化制约的。人类只有顺应自然规律的变化，才能保证人与自然的和谐相处，人类自身也才能达到可持续发展。而二十四节气正是充分体现了中国古人尊重自然、追求人与自然和谐的理念。

二十四节气不只具有指导农事的作用，其千百年来留下的影响已经渗透在中国人生活实践的方方面面，围绕每一个时令节点，人们会有序安排家庭和个人的衣食住行，使传统知识体系在丰富多彩的仪式实践和民俗生活中得以存续。二十四节气在民众的社会生活中还被赋予了丰富的民俗内涵，具有节点性、仪式性的指导作用。可以说，二十四节气至今仍鲜活地存在于人们的日常生活中，并发挥着重要作用。

比如，每到一个节气，人们仍然会从事相应的民俗活动，清明节气的祭祖、夏至时吃面条、冬至时吃饺子等；伴随着岁时节气而产生的节日民俗更是人们的生活中不可或缺的一部分，而合家团圆是中国人永远的追求。这种诞生于农耕时代的传统，使得中国人的饮食作息如此紧密地对应着每一个节气的变化，浸透着对大自然的敬畏之情。

再比如，中医的理论体系关注到节气与生命节律的内在关联，要求医生要考虑节气，结合气候特点和病人的个体情况来看病。人们按照冬病夏治、冬令进补等节气规律来改变作息饮食，每个节气都有相应的养生保健原则，这有助于人体的应时知节，从而达到养生目的。这种追求天人合一，与自然相融合，与土地和雨雪相亲的文化，朴素，却充满情感。

还比如，在东北地区，现在虽然冬季也可以吃到新鲜的蔬菜，可是，很多人家还保留着晒干菜的习惯。到了秋高气爽的时节，走进农村里每一家的院落，会看到屋檐下仍然会悬挂着一串串红彤彤的辣椒，晾衣绳上仍然会挂着旋好葫芦条，还有那一个个盖帘上晒的豆角干、茄子干、黄瓜干……到了初冬，家家户户仍然会腌上一缸的酸菜，猪肉酸菜炖粉条仍然是餐桌上最受欢迎的一道菜。秋储冬藏，储藏的不仅是蔬菜不变的味道，更是东北人不变的情怀。

俗话说："人随节气变，保证吃上饭；天变人不变，种田难增产。"二十四节气从来就不是一成不变的，从它产生之日起，就不断在发展完善。人们在根据二十四节气指导农事及生活时，也从不是墨守成规的。

当农业社会逐渐离我们远去，可以说，二十四节气在文化上的意义要大于科学方面的意义，不仅指导着我们的生活，更是一种传统文化的传承。它体现出中国传统的宇宙观与世界观，是人与自然和谐互动的文化产物。二十四节气不但提出每个节气可以做什么，即指导人与自然如何达到和谐统一，也指出了不可以做什么，这些禁忌习俗实际上是在遏制人类为所欲为的欲望，也是为了使人类顺应自然。因此，二十四节气对于人类今后的发展，为人类回归"天人合一"，达到与自然和谐共生，提供了一个参照和指导。

2016 年 11 月 30 日，二十四节气被正式列入联合国教科文组织人类非物质文化遗产代表作名录。二十四节气是中国古人智慧的结晶，是我们祖先留下来的宝贵文化遗产。不管社会科技如何高度发达，二十四节气依然有其旺盛的生命力和存在的价值。它不仅是作为一种历史符号永载史册，而且还将继续承载丰富的文化内涵，被更加发扬光大。其对于可持续发展的意义、对于人类文化的贡献，必将会在历史的发展中越来越被认识和广泛接受。

打春牛 / 06

跑旱船 / 08

踩高跷 / 12

填仓 / 13

回娘家 / 14

乌鸦救主 / 18

敲房梁 / 19

试犁 / 23

挑豆种 / 24

挖野菜 / 28

渔汛 / 29

植树节 / 31

放风筝 / 32

谷雨种大田 / 35

春耕 / 36

孕育 / 43

哥俩好 / 44

春燕归来 / 48

保护蝌蚪 / 49

铲地的女人们 / 53

蹚地 / 54

挂药葫芦 / 57

日出而作 / 60

神机妙算 / 61

锄地 / 62

卖西瓜 / 65

下酱 / 67

晒衣服 / 69

下河摸鱼 / 71

擀面条 / 73

喂猪 / 74

铁匠铺 / 80

乞巧节 / 83

喂马 / 85

喂牛 / 86

白露忙割谷 / 90

拉秋 / 91

中秋节 / 93

摘核桃 / 97

贴饼子 / 99

玉米丰收 / 102

鱼美蟹肥 / 103

敬老崇孝 / 105

刨地瓜 / 108

百财旺旺 / 109

锯大缸 / 110

积酸菜 / 111

挖菜窖 / 117

打场 / 118

打场 / 119

窗户纸糊在外 / 123

大姑娘叼烟袋 / 125

养活孩子吊起来 / 126

编席子 / 129

马市 / 131

买牛 / 132

钉马掌 / 133

冰上乐园 / 136

包饺子 / 137

�猪 / 143

杀年猪 / 144

做豆包 / 145

拉磨 / 148

磨豆腐 / 149

二人转 / 151

老鼠偷油 / 152

［1］脱脱.辽史［M］.北京：中华书局，1974.

［2］丁世良，赵放.中国地方志民俗资料汇编（东北卷）［M］.北京：书
目文献出版社，1987.

［3］金毓黻.辽海丛书［M］.沈阳：辽沈书社，1985

［4］中国民间文艺研究会辽宁分会.闾山风物传说［M］.沈阳：春风文
艺出版社，1985.

［5］杨英杰.清代满族风俗史［M］.沈阳：辽宁人民出版社，1991.

［6］邢莉.观音信仰［M］.北京：学苑出版社，1994.

［7］王光.寂寞的山神［M］.沈阳：沈阳出版社，1997.

［8］乌丙安.中国民俗学［M］.沈阳：辽宁大学出版社，2000.

［9］王光.神山医巫闾［M］.北京：学苑出版社，2003.

［10］王光.大山的神灵——医巫闾山满族剪纸［M］.北京：学苑出版
社，2006.

# 致 谢

2016 年 11 月 30 日，二十四节气被正式列入联合国教科文组织人类非物质文化遗产代表作名录。这个消息一传出，引起人们广泛的关注，成为时下热门的话题之一。如何传承和保护二十四节气也成为一项刻不容缓的工作，而首要的工作应该是对二十四节气相关知识及习俗的研究和普及。

于是我们二人马上着手本书的写作。写作时间虽短，但很多资料其实是多年的积累。在此，首先感谢辽宁省民间文艺家协会专家顾问王光老师无私提供的大量文献资料与田野调查资料，并在写作过程中给予我们的专业指导。此书的出版，是我们与王光老师忘年之交的最好见证。

我们都是从小在农村长大，耳闻目睹过父辈们的日常生活实践，也有过直接的农事生产经验。我们根据自己儿时的记忆，加上对文献资料的"按图索骥"，做了访谈调查。感谢我们的父母、家人和朋友，随时解答疑问并帮助搜集资料，使我们获得了大量鲜活的第一手资料。

感谢国家级非物质文化遗产项目——医巫闾山满族剪纸的传承人赵志国老师，不辞辛苦地为本书专门剪了符合节气特征、充满浓郁东北风情的剪纸，使得本书图文并茂、相得益彰。感谢锦州市群众艺术馆美术摄影部的洪亮为每一幅剪纸拍照，确保了图片质量。

感谢知识产权出版社编辑部的各位领导对我们的大力支持，感谢责任编辑宋云的细心修正，感谢杨平平对内文的精心设计。

在成书过程中，曾把书稿发给好几个朋友看过，他们都提出了很好的建议与意见。恕不能一一点名，在此向每一位关心和帮助过我们的人致以诚挚的谢意。

王颖超 潘虹
2017 年 2 月